校企(行业)合作
系列教材

传感器与检测技术

郑志霞　张　琴　陈雪娇 ◎ 编著

U0216679

厦门大学出版社
XIAMEN UNIVERSITY PRESS

国家一级出版社
全国百佳图书出版单位

图书在版编目(CIP)数据

传感器与检测技术/郑志霞,张琴,陈雪娇编著.—厦门:厦门大学出版社,2018.12
校企(行业)合作系列教材
ISBN 978-7-5615-7135-4

Ⅰ.①传⋯　Ⅱ.①郑⋯②张⋯③陈⋯　Ⅲ.①传感器—检测—教材　Ⅳ.①TP212

中国版本图书馆 CIP 数据核字(2018)第 268565 号

出 版 人	郑文礼
策划编辑	张佐群
责任编辑	郑　丹
封面设计	蒋卓群
技术编辑	许克华

出版发行	厦门大学出版社
社　　址	厦门市软件园二期望海路 39 号
邮政编码	361008
总 编 办	0592-2182177　0592-2181406(传真)
营销中心	0592-2184458　0592-2181365
网　　址	http://www.xmupress.com
邮　　箱	xmupress@126.com
印　　刷	三明市华光印务有限公司

开本	787 mm×1 092 mm　1/16
印张	11.75
插页	1
字数	302 千字
版次	2018 年 12 月第 1 版
印次	2018 年 12 月第 1 次印刷
定价	39.00 元

本书如有印装质量问题请直接寄承印厂调换

厦门大学出版社
微信二维码

厦门大学出版社
微博二维码

前　言

　　"传感器与检测技术"是电子类专业的重要专业基础课程,同时也是一门实践性非常强的课程。现有的传感器与检测技术类教材过于强调知识的完整性,理论性偏强。本书主要针对工科专业的需要,并结合编者多年的教学实践经验与校企合作案例,适合作为测控技术与仪器、电气工程及其自动化等专业的专业基础课教材。建议学时48课时左右,可根据不同专业的实际需要做适当调整。

　　全书以传感器在工业控制中的应用为主线,遵循理论够用为度、突出应用性的编写原则。本书共分12章,包括4个知识模块:第1章为基础知识模块;第2~9章为传统传感技术模块;第10~11章为医学传感器应用模块;第12章为传感器实验指导模块。另外,每章后面均安排了一定的思考题,用以检验学生灵活运用所学理论知识的能力,促进学生充分发挥主观能动性,调动学习积极性。为加强对学生动手能力的培养,教学单位应配合进行专门的实训教学,使学生学会对各种传感器的选用和检测系统的集成。

　　本书在编写过程中结合企业产品,充分考虑了各工科专业的不同需求,根据教学实际需要精选教材内容。本书内容的选取充分考虑到我国目前工业生产中对检测与控制的要求及其传感器的最新应用情况,以被测信号的获取、传输处理为核心,从最基本的概念分析入手,理论分析简洁透彻,深入浅出,内容精练,重点突出传感器的应用情况分析,知识面宽,应用性强。

　　本书的成功出版是校企合作的一个重要成果。参与本书编写的企业有锐马(福建)电气制造有限公司、浙江求是科技有限公司和浙江天煌有限公司。书中介绍了本书编者与锐马(福建)电气制造有限公司共同研发的荷重传感器,包括S型传感器、悬臂梁传感器、桥式传感器等。在教学过程中,使用了编者与浙江求是科技有限公司和浙江天煌有限公司合作研发的CSY910系列和CSY998系列传感器实验箱开展实验教学。

　　本书由莆田学院机电工程学院的郑志霞任主编,其负责第1~5章的编写及全书的统稿工作;张琴负责第6~9章和第12章的编写;陈雪娇编写了第10、11章的内容。在本书的编纂过程中,得到了校内外广大同行的大力支持和批评指正,在此向他们表示衷心的感谢。

　　由于时间仓促,加上编者水平有限,书中难免存在一些问题和不足,欢迎广大读者批评指正。

编　者

2018 年 7 月

目　录

第1章 传感器与检测技术基本理论

1.1 传感器简述

1.1.1 传感器的作用与定义

1. 传感器的作用

人类已进入信息化时代,信息通过传感技术获取,是信息化时代的重要内容之一。传感技术的水平直接影响检测控制系统和信息系统的技术水平,是一个国家科技发展水平的重要标志。传感器作为各种信息感知、采集、转换、传输和处理的功能器件,已成为自动检测、自动控制系统、物联网等应用领域不可缺少的核心部件。传感器技术正深刻影响着国民经济和国防建设的各个领域。

近年来,国内外都将传感器技术列为尖端技术而倍加重视,并投入大量人力、物力进行开发和研究。伴随着电子技术的发展,传感器已从单一的物性型向多功能、高精度、高质量、集成化方向发展。其应用领域也在不断扩大,已广泛应用于航空航天、军事工程、汽车工业、工业自动化、海洋探测、环境监测、医疗卫生等领域。

例如在工业生产过程中,必须对温度、压力、流量、液位和气体成分等参数进行检测,从而实现对工作状态的监控。诊断生产设备的各种情况,使生产系统处于最佳状态;从而保证产品质量,提高效益。目前传感器与微机、通信等的结合渗透,使工业监测自动化更具有准确、效率高等优点。如果没有传感器,现代工业生产程度将会大大降低。

又如,随着人们生活水平的提高,汽车已逐渐走进千家万户。汽车的安全舒适、低污染、高燃率越来越受到社会重视。而传感器在汽车中相当于感官,它们能准确地采集汽车工作状态的信息,提高汽车的自动化程度。汽车传感器主要分布在发动机控制系统、底盘控制系统和车身控制系统。普通汽车上大约装有 10～20 只传感器,而有的高级豪华车使用的传感器多达 300 个。因此传感器作为汽车电控系统的关键部件,将直接影响汽车技术性能的发挥。

传感器技术是现代科技的前沿技术,许多国家已将传感器技术列于与通信技术和计算机技术同等重要的位置,称之为信息技术的三大支柱之一。目前,敏感元器件与传感器在工业部门的应用普及率已被作为衡量一个国家智能化、数字化、网络化的重要标志。可见,应用、研究与开发传感器与传感器技术是信息时代的必然要求。

2. 传感器的定义

国家标准《传感器通用术语》(GB/T 7665-2005)对传感器下的定义是:"能感受被测量并按照一定的规律转换成可用输出信号的器件或装置,通常由敏感元件和转换元件组成。"传感器是一种检测装置,能感受到被测量的信息,并能将检测感受到的信息,按一定规律变换成电信号或其他所需形式的信息输出,以满足信息的传输、处理、存储、显示、记录和控制等要求。它是实现自动检测和自动控制的首要环节。

"可用输出信号"是指便于处理、传输的信号,其中,电信号属于最易于处理和传输的。因此,还可以把传感器定义为"能把外界非电信息转换成电信号输出的器件或装置",或"能把非电量转换为电量的器件或装置",简单地说,就是非电量电测技术。

传感器的定义包括以下四个方面的含义:

(1)传感器是测量器件或测量装置的一部分,能完成信号获取;

(2)它的输入量是某一被测量,可能是化学量、物理量、生物量等;

(3)它的输出量是某种物理量,该物理量要便于传输、转换、处理、显示等,其主要是电量;

(4)输出与输入有对应关系,且应有一定的精度。

传感器曾出现过多种名称,如发送器、变送器、传送器、换能器等,它们的内涵相同或相似,所以近来逐渐趋于统一使用"传感器"这一名称。但市面上仍有些产品沿用变送器、换能器等传统名称。

1.1.2 传感器的组成与分类

1. 传感器的组成

传感器的种类繁多,其工作原理、性能特点和应用领域各不相同,所以结构、组成差异很大。但总的来说,传感器通常由敏感元件、转换元件及测量电路三部分组成,有时还要加上辅助电源,如图 1-1 所示。

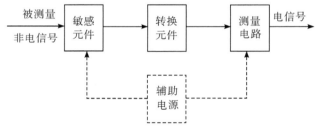

图 1-1 传感器组成框图

(1)敏感元件。

敏感元件是指传感器中能直接感受被测量的变化,并输出与被测量成确定关系的某一物理量的元件。敏感元件是传感器的核心,也是研究、设计和制作传感器的关键。

(2)转换元件。

转换元件是指传感器中能将敏感元件输出的物理量转换成适于传输或测量的电信号的部分。需要指出的是,并不是所有的传感器都能明显地区分为敏感元件和转换元件两部分,有的传感器的转换元件不止一个,需要经过若干次的转换,有的则是二者合二为一。最简单的传感器可由一个敏感元件(兼转换元件)组成,它感受被测量时直接输出电量,如热电偶等。

(3)测量电路。

测量电路又称转换电路或信号调理电路,它的作用是将转换元件输出的电信号进行进一步的转换和处理,如放大、滤波、线性化、补偿等,以获得更好的品质特性,便于后续电路实现显示、记录、处理及控制等功能。测量电路的类型视传感器的工作原理和转换元件的类型而定,一般有电桥电路、阻抗变换电路、振荡电路等。

2. 传感器的分类

传感器是知识密集、技术密集的器件或装置,它与许多学科有关,其种类繁多。通常,在实际应用中,一种传感器可以检测多种参数,一种参数又可以用多种传感器测量,所以传感器的分类方法也很多。常用的分类方法有以下几种:

(1)按测量的工作原理分类。

这是传感器最常见的分类方法,这种分类方法将物理、化学、生物等学科的原理、规律和效应作为分类的依据,有利于对传感器工作原理的阐述和对传感器的深入研究与分析。本书主要就是按这一分类方法介绍各种类型的传感器。按照传感器工作原理的不同,传感器可分为电阻式、电感式和电容式传感器,压变式传感器,光电式传感器,温度式传感器,磁电式传感器,光纤式传感器,波式传感器等。

(2)按被测参数分类。

按被测参数的性质进行分类,有利于准确表达传感器的用途,对人们系统地使用传感器很有帮助。为更加直观、清晰地表述各类传感器的用途,将种类繁多的被测量分为基本被测量和派生被测量,对于各派生被测量的测量亦可通过对基本被测量的测量来实现。

按被测量的不同可以分为:温度传感器、湿度传感器、压力传感器、位移传感器、流量传感器、液位传感器、力传感器、加速度传感器、转矩传感器等。

(3)按能量传递方式分类。

按能量的传递方式分类,传感器可分为有源传感器和无源传感器两大类。

有源传感器又称能量控制型传感器,可将非电量转换为电量,如压电式传感器、霍尔传感器;无源传感器本身并不是一个换能器,被测非电量仅对传感器中的能量起控制或调节作用,所以它必须具有辅助能源——电源,如电阻、电感、电容等电参数传感器。

(4)按结构分类。

按传感器的结构可分为结构型、物性型和复合型传感器。

结构型传感器是依靠传感器结构参数(如形状、尺寸等)的变化,利用某些物理规律,实现信号的变换,从而检测出被测量,它是目前应用最多、最普及的传感器。这类传感器的特点是其性能以传感器中元件相对结构(位置)的变化为基础,而与其材料特性关系不大,如电感式、电位移式、电容式传感器等。

物性型传感器则是利用某些功能材料本身所具有的内在特性及效应将被测量直接转换成电量的传感器。例如,热电偶传感器就是利用金属导体材料的温差电动势效应和不同金属导体间的接触电动势效应实现对温度的测量的;而利用压电晶体制成的压力传感器则是利用压电材料本身所具有的压电效应实现对压力的测量。这类传感器的敏感元件就是材料本身,无所谓结构变化,因此通常具有响应速度快的特点,而且易于实现小型化、集成化和智能化,如压电式、压阻式、半导体式传感器等。

复合型传感器则是结构型传感器和物性型传感器的组合,兼有二者的特征。

此外,根据被测量的性质,可以将传感器分成物理型、化学型和生物型传感器三大类;根据传感器的使用材料,也可以将传感器分为半导体传感器、陶瓷传感器、金属材料传感器、复合材料传感器、高分子材料传感器等；根据应用领域的不同，还可分为工业用、农用、民用、医用及军用传感器等不同类型；根据具体的使用目的，又可分为测量用、监视用、检查用、诊断用、控制用和分析用传感器等。

1.2　传感器的基本特性

在生产过程和科学实验中，要对各种各样的参数进行检测和控制，就要求传感器能感受被测非电量的变化并不失真地转换成相应的电量。为了更好地掌握和使用传感器，必须充分地了解传感器的基本特性。传感器的基本特性是指系统的输出与输入关系特性，即系统输出信号（输出量）$y(t)$与输入信号（被测量）$x(t)$之间的关系。根据传感器所测量的物理量的不同，传感器的基本特性通常分为静态特性和动态特性。对传感器的特性的分析同样适用于测量系统。不同传感器的参数不同，因此其基本特性也表现出不同的特点。一个高精度传感器，必须具有良好的静态特性和动态特性，才能保证信号无失真地按规律转换。

1.2.1　传感器的静态特性

传感器的静态特性是指被测量的值处于稳定状态时的输入输出特性，表示传感器在被测量各个值处于稳定状态时的输出-输入关系。如果被测量是一个不随时间变化，或随时间变化非常缓慢的量，可以只考虑其静态特性。这时传感器的输出量与输入量之间在数值上一般具有一定的对应关系，而且关系式不随时间变化。传感器的静态特性通常通过以下性能指标进行衡量：线性度、灵敏度、迟滞、重复性、漂移、测量范围和量程、精度、分辨率和阈值、稳定性等。

1. 线性度

传感器的输出与输入关系可分为线性特性与非线性特性。理想的输出与输入关系是线性关系，但实际传感器大多为非线性关系。传感器的线性度是指传感器的输出与输入之间数量关系的线性程度，所谓的线性度也称非线性误差。经常用实际特性曲线与拟合直线（也称理论直线）之间的最大偏差与传感器满量程输出的百分比来表示。从传感器的性能看，希望具有线性关系，即具有理想的输出-输入关系。但实际遇到的传感器大多为非线性的，如果不考虑迟滞和蠕变等因素，传感器的输出与输入关系可用一个多项式表示：

$$y = a_0 + a_1 x + a_2 x_2 + \cdots + a_n x_n \tag{1-1}$$

可见，各项系数不同，决定了特性曲线的具体形式不相同。

静态特性曲线可通过实际测试获得。在实际使用中，为了标定和数据处理的方便，希望得到线性关系，要引入各种非线性补偿环节。例如，采用非线性补偿电路或计算机软件进行线性化处理，从而使传感器的输出与输入关系为线性或接近线性。

如果传感器非线性的方次不高，输入量变化范围较小，则可用一条直线（切线或割线）近似地代表实际曲线的一段，所采用的直线称为拟合直线。选择拟合直线的方法很多，同一种传感器，拟合方法不同，其线性度也是不同的。最常用的求解拟合直线的方法有两种：一种是端点法，通过连接实测特性曲线的两个端点得到，所得直线称为端基直线，以端基直线作为基准来确定的线性度称为端基线性度，如图 1-2（a）所示；另一种是最小二乘法，所得直线与实测特性曲线相应点之间偏差的平方和为最小，称为最小二乘直线，以最小二乘直线作为基准来确定的线性度称为最小二乘线性度,如图 1-2(b)所示。

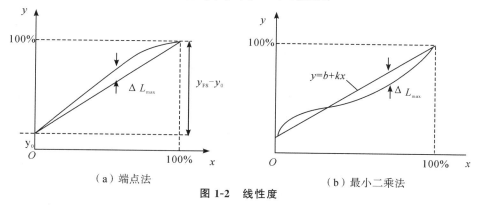

(a) 端点法　　　　　　　　　　　(b) 最小二乘法

图 1-2　线性度

其中,$\Delta L_{\max}$ 为实际输出-输入特性曲线与其拟合直线之间的最大偏差,Y_{FS} 为满量程输出值。

传感器的线性度是指在全量程范围内实际特性曲线与拟合直线之间的最大偏差值 $\Delta L_{\max}$ 与满量程输出值 Y_{FS} 之比。即

$$\gamma_L = \pm (\Delta L_{\max}/Y_{FS}) \times 100\% \tag{1-2}$$

式中:γ_L——最大非线性误差;

Y_{FS}——满量程输出,如图 1-2(a)中 $Y_{FS} = y_{FS} - y_0$

2. 灵敏度

灵敏度是传感器静态特性的一个重要指标。其定义为输出量的增量 Δy 与引起该增量的相应输入量增量 Δx 之比,表达式为:

$$S = \frac{\Delta y}{\Delta x} \tag{1-3}$$

它表示单位输入量的变化所引起传感器输出量的变化,显然,灵敏度 S 值越大,表示传感器越灵敏。当某些检测系统或组成环节的输入与输出具有同一量纲时,常用"增益"或"放大倍数"来代替灵敏度。

线性检测系统的灵敏度为一常量,可由静态特性曲线(直线)的斜率求得,直线的斜率越大,其灵敏度越高。对于非线性检测系统,其灵敏度则是变化的。若检测系统是由灵敏度分别为 S_1、S_2、S_3 等各相互独立的环节串联而成,则其总灵敏度为各组成环节灵敏度的乘积。

3. 迟滞

传感器在输入量由小到大(正行程)及输入量由大到小(反行程)变化期间,其输入输出特性曲线不重合的现象称为迟滞,如图 1-3 所示。也就是说,对于同一大小的输入信号,传感器的正、反行程输出信号大小不相等,这个差值称为迟滞差值,也叫回程误差、迟滞误差或回差。

这种现象主要是由于传感器敏感元件材料的物理性质和机械零部件的缺陷所造成的,例如弹性敏感元件的弹性滞后、运动部件摩擦、传动机构的间隙、紧固件松动等。迟滞大小通常由实验确定。迟滞误差可由下式计算:

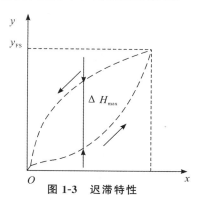

图 1-3　迟滞特性

$$e_H = \frac{\Delta H_{max}}{y_{FS}} \times 100\%$$ (1-4)

其中，ΔH_{max} 为全量程中最大的迟滞，即正、反行程的最大差值。

4. 重复性

重复性是指传感器在输入量按同一方向做全量程连续多次变化时所得特性曲线不一致的程度，如图 1-4 所示。各条特性曲线越接近，说明重复性越好。

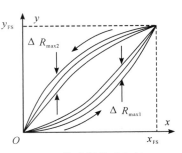

图 1-4 传感器的重复性

由图 1-4 可看出：正行程的最大重复性偏差为 ΔR_{max1}，反行程的最大重复性偏差为 ΔR_{max2}。再以满量程输出的百分数表示，这就是重复性误差，即：

$$\lambda_R = \pm \frac{\Delta R_{max}}{y_{FS}} \times 100\%$$ (1-5)

5. 漂移

传感器的漂移是指在输入量不变的情况下，传感器输出量随着时间变化。产生漂移的原因有两个方面：一是传感器自身结构参数；二是周围环境（如温度、湿度等）。最常见的漂移是温度漂移，即周围环境温度变化而引起输出量的变化。温度漂移主要表现为温度零点漂移和温度灵敏度漂移。

温度漂移通常用传感器工作环境温度偏离标准环境温度（一般为 20 ℃）时的输出值的变化量与温度变化量之比表示。

6. 测量范围和量程

传感器所能测量到的最小输入量与最大输入量之间的范围称为传感器的测量范围。传感器测量范围的上限值与下限值的代数差，称为量程。例如 $-50 \sim 100$ ℃ 的温度检测系统，其量程为 150 ℃；又如 $100 \sim 200$ g 的加速度检测系统，其量程为 100 g 等。

7. 精度

传感器的精度是指测量结果的可靠程度，是测量中各类误差的综合反映。测量误差越小，传感器的精度越高。传感器的精度用其量程范围内的最大基本误差与满量程输出之比的百分数表示。其基本误差是传感器在规定的正常工作条件下所具有的测量误差，由系统误差和随机误差两部分组成。详细讨论见"2.1.3 测量误差"一节内容。

8. 分辨率和阈值

传感器能检测到输入量最小变化量的能力称为分辨力。对于某些传感器，如电位器式传感器，当输入量连续变化时，输出量只做阶梯变化，则分辨力就是输出量的每个"阶梯"所代表的输入量的大小。对于数字式仪表，分辨力就是仪表指示值的最后一位数字所代表的值。当被测量的变化量小于分辨力时，数字式仪表的最后一位数不变，仍指示原值。当分辨力以满量程输出的百分数表示时则称为分辨率。

阈值是指能使传感器的输出端产生可测变化量的最小被测输入量值，即零点附近的分辨力。有的传感器在零点附近有严重的非线性，形成所谓"死区"，则将死区的大小作为阈值；更多情况下，阈值主要取决于传感器噪声的大小，因而有的传感器只给出噪声电平。

9. 稳定性

稳定性表示传感器在一个较长的时间内保持其性能参数的能力。理想的情况是不论什么时候，传感器的特性参数都不随时间变化。但实际上，随着时间的推移，大多数传感器的特性会发生改变。这是因为敏感元件或构成传感器的部件的特性会随时间发生变化，从而影响传感器的稳定性。

稳定性一般以室温条件下经过一规定时间间隔后，传感器的输出与起始标定时的输出之间的差异来表示，称为稳定性误差。稳定性误差可用相对误差表示，也可用绝对误差表示。

1.2.2　传感器的动态特性

动态特性是指传感器对随时间变化的输入量的响应特性。动态特性好的传感器，其输出量随时间变化的曲线与被测量随时间变化的曲线一致或者相近。

1. 传感器的基本动态特性

传感器的动态数学模型是指传感器在受到随时间变化的输入量作用时输出与输入之间的关系，通常称为响应特性。

数学上要精确建立传感器的动态数学模型是很困难的，因此，像研究其他科学一样忽略一些影响不大的因素，如非线性和随机变量等复杂因素，将传感器作为线性定常系统来考虑，因而其动态数学模型可以用线性常系数微分方程来表示，这种方程式的通式为：

$$a_n \frac{\mathrm{d}^n y}{\mathrm{d}t^n} + a_{n-1} \frac{\mathrm{d}^{n-1} y}{\mathrm{d}t^{n-1}} + \cdots + a_1 \frac{\mathrm{d}y}{\mathrm{d}t} + a_0 y = b_m \frac{\mathrm{d}^m x}{\mathrm{d}t^m} + b_{m-1} \frac{\mathrm{d}^{m-1} x}{\mathrm{d}t^{m-1}} + \cdots + b_1 \frac{\mathrm{d}x}{\mathrm{d}t} + b_0 x \quad (1\text{-}6)$$

式中：x 为输入量，y 为输出量；$a_0, a_1, a_2, \cdots, a_n, b_0, b_1, b_2, \cdots, b_m$ 为与传感器特性有关的常系数。大多数传感器的动态特性都可归属于零阶、一阶、二阶系统，尽管实际上存在更高阶的复杂系统，但在一定的条件下，都可以用上述三种系统的组合来进行分析。

（1）零阶特性。

在方程(1-6)式中，除了 a_0 和 b_0 外，其他系数均为零，则微分方程变成简单的代数方程，即：

$$a_0 y(t) = b_0 x(t) \quad (1\text{-}7)$$

通常将该代数方程写成 $y(t) = kx(t)$，式中，$k = b_0/a_0$，为传感器的静态灵敏度。传感器的动态特性用方程(1-7)表示的称为零阶系统。零阶系统具有理想的动态特性，无论被测量 $x(t)$ 如何随时间变化，零阶系统的输出都不会失真，其输出在时间上也无任何滞后，所以零阶系统又称为比例系统。

在工程应用中，电位器式的电阻传感器、变面积式电容传感器及利用静压式压力传感器测量液位均可看成零阶系统。

（2）一阶系统。

若方程(1-6)中的系数除了 a_0、a_1 和 b_0 外，其他系数均为零，则微分方程变成

$$a_1 \frac{\mathrm{d}y}{\mathrm{d}t} + a_0 y = b_0 x$$

上式通常改写成

$$\tau \frac{\mathrm{d}y(t)}{\mathrm{d}t} + y(t) = kx(t) \quad (1\text{-}8)$$

式中:τ——传感器的时间常数,$\tau = a_1/a_0$;

　　k——传感器的静态灵敏度或放大系数,$k = b_0/b$。

时间常数是时间的量纲,反映传感器惯性的大小,静态灵敏度则说明其静态特性。用方程(1-8)描述其动态特性的传感器称为一阶系统,一阶系统又称为惯性系统。如常用的热电偶测温系统,电路中常用的阻容滤波器等均可看作一阶系统。

(3)二阶系统。

二阶系统的微分方程为

$$a_2 \frac{d^2 y}{dt^2} + a_1 \frac{dy}{dt} + a_0 y = b_0 x$$

二阶系统的微分方程改写为

$$\frac{d^2 y(t)}{dt^2} + 2\xi\omega_n \frac{dy(t)}{dt} + \omega_n^2 y(t) = \omega_n^2 k x(t) \tag{1-9}$$

式中:k——传感器的静态灵敏度或放大系数,$k = b_0/b$;

　　ξ——传感器的阻尼系数,$\xi = a_1/(2\sqrt{a_0 a_2})$;

　　ω_n——传感器的固有频率,$\omega_n = \sqrt{a_0/a_2}$。

根据二阶微分方程特征方程根的性质不同,二阶系统又可分为二阶惯性系统和二阶振荡系统。

2. 传感器的动态响应特性

由于传感器的惯性和滞后,当被测量随时间变化时,传感器的输出往往来不及达到平衡状态,而处于动态过渡过程中,所以其输出量也是时间的函数,其间的关系要用动态特性来表示。在实际工作中,传感器的动态特性常用它对某些标准输入信号的响应来表示。这是因为传感器对标准输入信号的响应容易用实验方法求得,并且它对标准输入信号的响应与它对任意输入信号的响应之间存在一定的关系,往往知道了前者就能推定后者。最常用的标准输入信号有阶跃信号和正弦信号两种,所以传感器的动态特性也常用阶跃响应和频率响应来表示。

3. 传感器的标定与校准

标定是指在明确传感器的输出与输入关系的前提下,利用某种标准器具对传感器进行标度。对新研制或生产的传感器进行全面的技术检定,称为标定;将传感器在使用中或储存后进行的性能进行复测,称为校准。标定与校准的本质相同。

标定的基本方法是:利用标准仪器产生已知的非电量(如标准力、压力、位移等)作为输入量,输入待标定的传感器中,然后将传感器的输出量与输入的标准量做比较,获得一系列校准数据或曲线。有时输入的标准量是利用一个标准传感器检测而得,这时的标定实质上是待标定传感器与标准传感器之间的比较。

传感器的标定系统一般可由以下几部分组成:

(1)被测非电量的标准发生器,如活塞式压力计、测力机、恒温源等。

(2)被测非电量的标准测试系统,如标准压力传感器、标准力传感器、标准温度计等。

(3)待标定传感器所配接的信号调节器、显示器和记录器等,其精度是已知的。

4. 提高传感器性能的方法

(1)非线性校正;(2)温度补偿;(3)零位法、微差法;(4)闭环技术;(5)平均技术;(6)差动技术;(7)采用屏蔽、隔离与抑制干扰措施等。

思考题

1-1　什么叫传感器? 它由哪几部分组成? 它们的作用及相互关系如何?

1-2　传感器的静态特性有哪些指标? 分别说明这些指标的含义。

1-3　请阐述传感器的静态特性与动态特性的区别。

1-4　某压力传感器测试数据如表 1-1 所示,计算非线性误差、迟滞和重复性误差。

表 1-1　某压力传感器测试数据

压力/MPa	输出值/mV					
	第一循环		第二循环		第三循环	
	正行程	反行程	正行程	反行程	正行程	反行程
0	−2.73	−2.71	−2.71	−2.68	−2.68	−2.69
0.02	0.56	0.66	0.61	0.68	0.64	0.69
0.04	3.96	4.06	3.99	4.09	4.03	4.11
0.06	7.40	7.49	7.43	7.53	7.45	7.52
0.08	10.88	10.95	10.89	10.93	10.94	10.99
0.10	14.42	14.42	14.47	14.47	14.46	14.46

第 2 章　检测技术概述

在信息时代,人们在从事工业生产和科学实验时,主要依赖对信息的开发、获取、传输、和处理。检测技术就是研究自动检测系统中信息提取、信息转换及信息处理的一门技术学科。在自动检测系统中,传感器处于研究对象与检测系统的接口位置,是感知、获取与检测信息的窗口。一切科学实验和生产过程中的信息,特别是自动检测与自动控制系统中获取的信息,都要通过传感器转换为容易传输和处理的电信号。

检测技术的主要组成部分之一是测量。为了完成科学实验和工业生产中提出的检测任务,并且尽可能地获取被测量真实值,需要对测量方法、检测系统的特性、测量误差及测量数据处理等方面的理论及工程方法进行学习和研究。只有了解和掌握这些基本技术理论,才能实施有效的测量。人们采用测量手段来获取所研究对象在数量上的信息,从而通过测量得到定量的结果。现代社会要求测量必须达到准确度高、误差极小、速度快、可靠性强等。为此要求测量的方法精益求精。本节主要介绍测量的基本概念和测量方法。

2.1　测量的定义和测量误差

2.1.1　测量的定义及方法

1. 测量

测量是借助专用的技术和设备,通过实验和计算等方法取得被测对象的某个量的大小和符号,或者取得一个变量与另一个变量之间的关系,如变化曲线等,从而掌握被测对象的特性、规律或控制某一过程等。

测量是获取被测对象量值的唯一手段。它是将被测量与同性质的标准量通过专用的技术和设备进行比较,获得被测量对比标准量的倍数。标准量是由国际上或国家计量部门所指定的,其特性是足够稳定的。由测量所获得的测量的量值叫作测量结果,测量结果可以用一定的数值表示,也可以用一条曲线或某种图形表示,但无论其表现形式如何,测量结果应包括比值和测量单位。测量结果仅仅是被测量的最佳估计值,而不是真值,所以还应给出测量结果的质量,即测量结果的可信程度。这个可信程度用测量结果的不确定度表示,测量不确定度表征测量值的分散程度。因此测量结果的完整表述应包括估计值、测量单位及测量不确定度。

2. 测量方法

测量方法就是指实现被测量与标准量比较并得出比值的方法。针对不同的测量任务,进行具体分析,找出切实可行的测量方法,对测量工作是十分重要的。测量的方法很多,下面介绍几种。

(1)按获得测量值的方法可分为直接测量、间接测量和组合测量。

①直接测量。

在使用仪表进行测量时,对仪表读数不需要经过任何运算,就能直接表示测量所需要的结果,称为直接测量。例如,用磁电式电流表测量电路的支路电流、用弹簧管式压力表测量流体压力就是直接测量。直接测量的优点是测量过程简单而迅速,缺点是测量精度不高。这种测量方法是工程上广泛采用的方法。

②间接测量。

在使用仪表进行测量时,首先对与被测物理量有确定函数关系的几个量进行测量,将测量值代入函数关系式,经过计算得到所需要的结果,这种测量称为间接测量。在这种测量过程中,手续较多,花费时间较长,但是有时可以得到较高的测量精度。间接测量多用于科学实验中的实验室测量,工程测量中亦有应用。

③组合测量。

在应用仪表进行测量时,若被测物理量必须经过求解联立方程组才能得到最后结果,则称这样的测量为组合测量。在进行组合测量时,一般需要改变测试条件,才能获得一组联立方程所需要的数据。在测量过程中,该方法操作手续很复杂,花费时间很长,是一种特殊的精密测量方法。它多适用于科学实验或特殊场合。

(2)按测量方式分为偏差式测量、零位式测量和微差式测量。

①偏差式测量。

在测量过程中,用仪表指针的位移(即偏差)决定被测量的测量方法,称为偏差式测量。应用这种方法进行测量时,标准量具不装在仪表内,而是事先用标准量具对仪表刻度进行校准。在测量时,输入被测量,按照仪表指针在标尺上的示值,决定被测量的数值。它是以直接方式实现被测量与标准量的比较,测量过程比较简单、迅速,但是测量结果的精度较低。这种测量方法广泛用于工程测量中。

②零位式测量。

零位式测量指用零仪表的零位指示检测测量系统的平衡状态,在测量系统平衡时,用已知的标准量确定被测量的量值的测量方法。在测量时,已知标准量直接与被测量相比较,已知量应连续可调,指零仪表指零时,被测量与已知标准量相等,例如天平、电位差计。零位式测量可以获得比较高的测量精度,但测量过程比较复杂,费时较长,不适用于测量迅速变化的信号。

③微差式测量。

微差式测量是综合了偏差式测量与零位式测量的优点而提出的一种测量方法。它将被测量与已知的标准量相比较,取得差值后,再用偏差法测得此差值。应用这种方法测量时,不需要调整标准量,而只需测量两者的差值。微差式测量的优点是反应快,且测量精度高,特别适用于在线控制参数的测量。

(3)等精度测量与非等精度测量。

在整个测量过程中,若影响和决定测量精度的全部因素(条件)始终保持不变,如由同一个测量者,用同一台仪器,用同样的方法,在同样的环境条件下,对同一被测量进行多次重复测量,称为等精度测量。在实际中,很难做到这些因素(条件)全部始终保持不变,所以一般情况下只是近似地认为是等精度测量。用不同精度的仪表或不同的测量方法,或在环境条件相差很大的情况下对同一被测量进行多次重复测量称为非等精度测量。

除此之外,根据被测量变化快慢可分为静态测量与动态测量;根据测量敏感元件是否与被测介质接触可分为接触测量与非接触测量;根据测量系统是否向被测对象施加能量可分为主动式测量与被动式测量等。

测量方法对测量工作是十分重要的,它关系到测量任务是否能完成。因此,要针对不同测量任务的具体情况,待进行分析后,找出切实可行的测量方法,然后根据测量方法选择合适的检测技术工具,组成测量系统,进行实际测量。如果测量方法不对,即使选择的技术工具(有关仪器、仪表、设备等)再高级,也不会有好的测量结果。

2.1.2　测量系统的组成

1. 测量系统

在工程实际中,需要传感器与多台测量仪表有机地组合起来,构成一个整体,才能完成信号的检测,这样便形成了测量系统。测量系统就是传感器与测量仪表、变换装置等的有机组合。随着计算机技术及信息处理技术的不断发展,测量系统所涉及的内容也不断得以充实。在现代化的生产过程中,过程参数的检测都是自动进行的,即检测任务是由测量系统自动完成的,因此研究和掌握测量系统的构成及原理十分必要。图 2-1 为测量系统原理结构框图。

图 2-1　测量系统原理结构框图

系统中的传感器是感受被测量的大小并输出相对应的可用输出信号的器件或装置。数据传输环节用来传输数据。当检测系统的几个功能环节独立地分隔开的时候,则必须由一个地方向另一个地方传输数据,数据传输环节就是完成这种传输功能的。

数据处理环节是将传感器的输出信号进行处理和变换。如对信号进行放大、运算、滤波、线性化、数/模(D/A)或模/数(A/D)转换,转换成另一种参数信号或某种标准化的统一信号等,使其输出信号便于显示、记录,也可与计算机系统连接,以便对测量信号进行信息处理或用于系统的自动控制。

数据显示环节将被测量信息变成人感官能接受的形式,以达到监视、控制或分析的目的。测量结果可以采用模拟显示,也可以采用数字显示,并可以由记录装置进行自动记录或由打印机将数据打印出来。

2. 开环测量系统与闭环测量系统

(1)开环测量系统。

如果系统的输出端与输入端之间不存在反馈,也就是测量系统的输出量不对系统的控制产生任何影响,这样的系统称开环系统。控制系统中,将输出量通过适当的检测装置返回输入端并与输入量进行比较的过程,就是反馈。开环测量系统就是系统的控制输入不受输出影响的测量系统。在开环测量系统中,不存在由输出端到输入端的反馈通路。因此,开环测量系统又称为无反馈测量系统。开环测量系统的结构简单,也比较经济。

(2)闭环测量系统。

闭环测量系统是由信号正向通路和反馈通路构成闭合回路的自动控制系统,又称反馈控制系统,是基于反馈原理建立的测量系统。所谓反馈原理,就是根据系统输出变化的信息来进行控制,即通过比较系统行为(输出)与期望行为之间的偏差,并消除偏差以获得预期的系统性能。在反馈测量系统中,既存在由输入到输出的信号前向通路,也包含从输出端到输入端的信号反馈通路,两者组成一个闭合的回路。在工程上常把在运行中使输出量和期望值保持一致的反馈控制系统称为自动调节系统,而把用来精确地跟随或复现某种过程的反馈控制系统称为伺服系统或随动系统。

对于闭环式测量系统,只有采用大回路闭环才更有利。对于开环式测量系统,容易造成误差的部分应考虑采用闭环方法。在实际构成测量系统时,应将开环系统与闭环系统巧妙地有机结合在一起加以运用,才能达到所期望的目的。

3. 主动式测量系统与被动式测量系统

根据测量系统中是否向被测量对象施加能量,可以将测量系统分为主动式测量系统和被动式测量系统。

(1)主动式测量系统的特点是在测量过程中需要从外部向被测量对象施加能量。例如在测量阻抗元件的阻抗值时,必须向阻抗元件施加以电压,供给一定的电能。

(2)被动式测量系统的特点是在测量过程中不需要从外部向被测量对象施加能量。例如电压、电流、温度测量,飞机所用的空对空导弹的红外(热源)探测跟踪系统就属于被动式测量系统。

2.1.3　测量误差

1. 测量误差的基本概念

(1)测量误差的定义。

测量的目的是对被测量求取真值。所谓真值是指某被测量在一定条件下其本身客观存在的真实的实际值。但由于实验方法和实验设备不完善、传感器本身性能不够优良、测量方法不够完善、周围环境的影响及人们认识能力所限等,测量和实验所得的数据和被测量的真值间不可避免地存在着差异,这都会造成被测参数的测量值与真实值不一致,在数值上即表现为误差。这种测量值与真值之间的差值称为测量误差。

测量的可靠性至关重要,不同场合对测量结果可靠性的要求也不同。例如,在量值传递、经济核算、产品检验等场合应保证测量结果有足够的准确度;当测量值用作控制信号时,则要注意测量的稳定性和可靠性。因此,测量结果的准确程度应与测量的目的与要求相联系、相适应。那种不惜工本、不顾场合,一味追求越准越好的做法是不可取的,要有技术与经济兼顾的意识。

(2)测量误差的分类。

测量误差的分类方法有很多种。按照表示方法分为绝对误差、相对误差和引用误差;从使用的角度又分为基本误差和附加误差;按照误差出现的规律分为系统误差、随机误差和粗大误差。

2. 测量误差的表示方法

测量误差的表示方法有多种,含义各异。通常我们定义测量值为利用测量装置对被测物体的某个参数测得的值,又叫示值。真值是被测物体这个参数的真实值。

(1)绝对误差。

绝对误差又叫示值误差,是指测量值与被测参数真值之间的差值,即测量值不能准确表示真值的程度,它反映了测量质量的好坏。

$$\Delta = X - L \tag{2-1}$$

式中，Δ 为绝对误差，L 表示真值，X 表示测量值。

对测量值进行修正时，要用到绝对误差。修正值是与绝对误差大小相等、符号相反的值，实际值等于测量值加上修正值。

采用绝对误差表示测量误差，不能很好地说明测量质量的好坏。例如在温度测量时，绝对误差 $\Delta = 1$ ℃，对体温测量来说是不允许的，但对测量钢水温度来说是一个准确度极高的测量结果。

（2）相对误差。

相对误差的定义由下式给出：

$$\delta = \frac{\Delta}{L} \times 100\% \tag{2-2}$$

式中，δ 表示相对误差，Δ 表示绝对误差，L 表示真值。由于被测量的真实值无法知道，实际测量时用测量值代替真实值进行计算，这个相对误差称为标称相对误差。

绝对误差和相对误差是误差理论的基础，在测量中已广泛应用，但在具体使用时要注意它们之间的差别与使用范围。对于相同的被测量，绝对误差可以评定其测量精度的高低，但对于不同的被测量及不同的物理量，绝对误差就难以评定其测量精度的高低，而采用相对误差来评定较为确切。在某些实验测量及数据处理中，不能单纯从误差的绝对值来衡量数据的精确程度，因为精确度与测量数据本身的大小也很有关系。例如，在称量材料的质量时，如果质量接近 10 t，准确到 100 kg 就够了，这时的绝对误差虽然是 100 kg，但相对误差只有 1%；而称的量总共不过 20 kg，即使准确到 0.5 kg 也不能算精确，因为这时的绝对误差虽然是 0.5 kg，相对误差却有 5%。经对比可见，后者的绝对误差虽然是前者的1/200，相对误差却是前者的 5 倍。相对误差是测量单位所产生的误差，因此，不论是比较各测量值的精度或是评定测量结果的质量，采用相对误差更为合理。

（3）引用误差。

引用误差是一种实用、方便的相对误差，常常在多挡和连续刻度的仪器仪表中使用。引用误差是直接式指针仪表中通用的一种误差表示方法，它是测量的绝对误差与仪表的满量程之比，一般也用百分数表示，即：

$$\gamma = \frac{\Delta}{Y_{FS}} \times 100\% \tag{2-3}$$

式中，γ 表示相对误差，Δ 表示绝对误差，Y_{FS} 表示满量程。仪表的精度等级是根据引用误差来确定的。国家规定电工仪表精确度等级分为 0.1、0.2、0.5、1.0、1.5、2.5、5.0 七级。例如，0.1 级表的引用误差不超过 ±0.1%，0.5 级表的引用误差不超过 ±0.5%。对于工业自动化仪表的精度等级与电工仪表的精度等级有类似的规定，一般也在 0.2～4.0 之间。

（4）基本误差与附加误差。

从使用的角度出发，误差可分为基本误差和附加误差。

①基本误差。

任何测量都是与环境条件相关的，测量仪表应严格按规定来使用。基本误差是指仪表在规定的标准条件下（即参比工作条件）进行测量所得到的误差，这些环境条件包括环境温度、相对湿度、电源电压和安装方式等。例如，仪表是在电源电压（220±5）V、电网频率（50

±2）Hz、环境温度（20±5）℃、湿度 65％±5％ 的条件下标定的。如果这台仪表在这个条件下工作，则仪表所具有的误差为基本误差。测量仪表的精度等级是由基本误差决定的。

②附加误差。

附加误差是指当仪表的使用条件偏离额定条件下出现的误差。例如温度附加误差、频率附加误差、电源电压波动附加误差、倾斜放置附加误差等。

把基本误差、附加误差统一起来考虑，即可给出测量仪表一个额定的工作条件范围。例如，在电源电压是（220±10）V、温度范围是 0～50 ℃，仪表可过载运行等条件范围内工作，可以给定测量仪表的总误差不超过多少。

3. 按照测量误差的性质分

根据测量数据中的误差所呈现的规律，将误差分为三种，即系统误差、随机误差和粗大误差。这种分类方法便于测量数据处理。

（1）系统误差。

在同一条件下，多次重复测量同一量时，误差的大小和符号保持不变或按一定规律变化的称为系统误差。系统误差主要是由于检测装置本身在使用中变形、未调到理想状态、电源电压下降等造成的有规律的误差。一般可通过实验或分析的方法查明其产生的原因，因此，它是可以预测的，也是可以消除的。系统误差的大小表明测量结果的准确度。系统误差来源于传感器误差、放大器和传输线等器件的非线性误差、数据采集系统误差、数学模型误差及校准标定误差等。

系统误差是一种有规律的误差，可以采用修正值或补偿校正的方法来减小或消除。

（2）随机误差。

在同一条件下，多次重复测量同一量时，误差的大小、符号均呈无规律变化，这种误差称为随机误差。随机误差是许多偶然因素所引起的综合结果。其平均值随观测次数的增加而逐渐趋近于零。随机误差来源于机械干扰（振动与冲击）、温度和湿度干扰、电磁场变化、放电噪声、光和空气及系统元件噪声等。它既不能用实验方法消去，也不能修正。然而，它的变化虽无一定规律可循且难以预测，但是在多次的重复测量时，其总体服从统计规律。实践证明，绝大多数随机误差的统计特性服从正态分布，从随机误差的统计规律中可了解到它的分布特性，并能对其大小及测量结果的可靠性等做出估计。此外，随机误差的大小表明测量结果的精确度。

对于随机误差不能用简单的修正值来修正，只能用概率和数理统计的方法来计算它出现的可能性的大小。

（3）粗大误差。

粗大误差又叫疏失误差，是明显歪曲测量结果的误差。这种误差是由于观测者对仪表的不了解或因思想不集中、疏忽大意而导致读数的错误。就数值大小而言，它通常明显地超过正常条件下的系统误差和随机误差。含有粗大误差的测量值称为坏值或异常值。正常的测量结果中不应含有坏值。对于坏值，应予以剔除，但不是主观随便除去，必须根据统计检验方法的某些准则判断哪个测量值是坏值，然后科学地舍弃之。

（4）三者之间的关系。

在测量中，系统误差、随机误差和粗大误差三者同时存在，但是它们对测量结果的影响不同。

①在测量中,若系统误差很小,称测量的准确度很高;若随机误差很小,称测量的精密度很高;若二者都小,称测量的精确度很高。为加深对精密度、准确度和精确度的理解,下面用打靶的例子来说明。打靶结果如图 2-2 所示。子弹落在靶心周围有三种情况:图(a)的弹着点很分散,表明它的精密度很低;图(b)的弹着点集中但偏向一方,表明精密度高但准确度低;图(c)的弹着点集中于靶心,则表明既精密又准确,即精确度高。

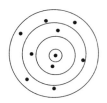 

（a）弹着点很分散　　（b）弹着点集中偏向一方　　（c）弹着点集中于靶心

图 2-2　打靶弹着点示意

②在工程测量中,有粗大误差的策略结构是不可取的。

③在测量中,系统误差与随机误差的数量级必须是相适应的。即随机误差很小(表现为多次重复的测量结果的重复性好),但系统误差很大是不好的;反之,系统误差很小,随机误差很大,同样是不好的。只有系统误差与随机误差两者数值相当,测量结果才是可取的。

综上所述,测量坏值必须除去,即正常的测量结果中不能包含粗大误差。因此在误差分析中,要研究的误差项只有系统误差和随机误差两种。系统误差和随机误差是两种产生原因不同、特点也完全不一样的测量误差,但在测量过程中,它们往往又是混合在一起的,两者的合成称为综合误差。综合误差能较全面地说明测量的质量,它的大小反映了测量的精确度。

2.1.4　测量误差的估计和处理

在测量中,对测量数据进行处理时,首先判断测量数据中是否含有粗大误差,如果有,则必须加以剔除。再看数据中是否存在系统误差,对系统误差可设法消除或加以修正。对排除了系统误差和粗大误差的测量数据,则利用随机误差性质进行处理。总之,对于不同情况的测量数据,首先要加以分析研究,判断情况,分别处理,再经综合整理以得出合乎科学性的结果。

1. 随机误差的统计特征

在测量中,当系统误差已设法消除或减小到可以忽略的程度时,如果测量数据仍有不稳定的现象,说明存在随机误差。对于随机误差可以采用数理统计的方法来研究其规律,并处理测量数据。随机误差处理的任务就是从随机数据中求出最接近真值的值(或称最佳估计值),对数据精密度的高低(或称可信程度)进行评定并给出测量结果。

随机误差的分布可以在大量重复测量数据的基础上总结出来,由此得出统计规律。测量实践表明,当测量次数足够多时,测量过程中产生的误差服从正态分布规律。概率密度函数为:

$$y = f(\delta) = \frac{1}{\sigma\sqrt{2\pi}} e^{-\frac{\delta^2}{2\sigma^2}} \tag{2-4}$$

式中，y 为概率密度；σ 为标准误差，又称均方根误差；δ 为随机误差。均方根误差 σ 可由式 2-5 求取：

$$\sigma = \sqrt{\dfrac{\sum\limits_{i=1}^{n} \Delta X_i^2}{n}} \tag{2-5}$$

式中，n 为测量次数，$\Delta X_i = X_i - L$，L 为真实值，X_i 为第 i 次测量值。实际测量中，测量次数 n 是有限的，真值 L 不易得到，因而用 n 次测量值的算数平均值 $\bar{X}$ 代替真实值。第 i 次测量误差 $\Delta X_i = X_i - \bar{X}$，这时的均方根误差则为：

$$\sigma = \sqrt{\dfrac{\sum\limits_{i=1}^{n} (X_i - \bar{X})^2}{n}} \tag{2-6}$$

用 $\bar{X}$ 代替 L 产生的均方根误差 $\bar{\sigma}$ 为：

$$\bar{\sigma} = \dfrac{\sigma}{\sqrt{n}} \tag{2-7}$$

则测量结果可以表示为：

$$X = \bar{X} \pm \bar{\sigma} \ \text{或} \ X = \bar{X} \pm 3\bar{\sigma} \tag{2-8}$$

正态分布规律曲线为一条钟形的曲线，如图 2-3 所示。可以看出，在 $\delta = 0$ 附近区域具有最大概率。均方根误差 σ 的物理意义是：在测量结果中随机误差出现在 $-\sigma \sim +\sigma$ 范围内的概率是 68.3%，出现在 $-3\sigma \sim +3\sigma$ 范围内的概率是 99.7%。3σ 称为置信限，大于 3σ 的随机误差被认为是粗大误差，测量结果无效，数据予以剔除。

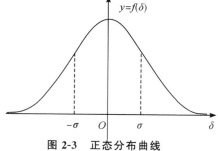

图 2-3　正态分布曲线

从图中还可以发现随机误差分布规律具有以下特点：

（1）集中性。

绝对值小的随机误差出现的概率大于绝对值大的随机误差出现的概率，在 $\delta = 0$ 处附近区域内出现的概率最大。即测量值大部分集中于算数平均值 $\bar{X}$ 附近，这也是在测量中经常选取测量数据的算数平均值作为测量结果的依据。

（2）对称性。

测量次数 n 很大时，绝对值相等、符号相反的随机误差出现的概率相等。随着测量次数的不断增加，随机误差的算数平均值趋向于零，即基本上互相抵消。

（3）有限性。

在一定测量条件下，随机误差的绝对值不会超出一定界限。

2. 系统误差的发现与校正

测量结果的不确定度应当在尽可能消除和修正了系统误差的基础上进行，因此发现和消减系统误差也是实验工作的重要组成部分之一。在实验工作中发现和消减系统误差相对来说是较难的工作，它既需要有理论指导，又需要有丰富的实验工作经验。由于对系统误差的分析很难脱离具体实验，所以对系统误差的发现和消减只做原则性介绍。

（1）系统误差的发现。

要发现系统误差，就必须仔细研究测量理论和方法中的具体细节，检验或校准每一台仪器，分析实验理论和仪器所要求的条件是否满足要求，考虑实验中各种因素对实验的影响等。

①实验对比。

包括实验方法的对比，即用不同的测量原理、方法和仪器测量同一物理量，改变某项实验条件、实验参数等进行对比。在对比中如果发现实验结果有明显差异，即说明实验中存在系统误差。这种方法适于发现不变的系统误差。例如一台测量仪表本身存在固定的系统误差，即使进行多次测量也不能发现，只有用精度更高一级的测量仪表测量，才能发现这台仪表的系统误差。

②剩余误差观察法。

这种方法是根据测量值的残余误差的大小和符号的变化规律，直接由误差数据或误差曲线来判断有无系统误差。这种方法主要适用于发现有规律变化的系统误差。将残余误差按照测量值先后顺序作图，如图 2-4 所示。图 2-4（a）中残余误差大体上是正负相同，且无明显的变化规律，则无根据怀疑存在系统误差；图 2-4（b）中残余误差有规律地递增（或递减），表明存在线性变化的系统误差；图 2-4（c）中残余误差大小和符号大体呈周期性变化，可以认为有周期性系统误差；图 2-4（d）中残余误差变化规律较复杂，则怀疑同时存在线性系统误差和周期性系统误差。图中 n 为测量次数，p 为剩余误差。

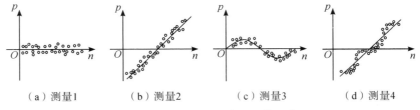

（a）测量1　　　（b）测量2　　　（c）测量3　　　（d）测量4

图 2-4　剩余误差的变化规律示意

③理论计算法。

通过现有的相关准则进行理论计算，也可以检验测量数据中是否含有系统误差。不过这些准则都有一定的适用范围。经常采用贝塞尔公式和彼得斯公式计算比较，即

$$\sigma_1 = \sqrt{\sum_{i=1}^{k} \frac{p_1^2}{n-1}} \qquad \sigma_2 = \sqrt{\frac{\pi}{2} \frac{\sum\limits_{i=1}^{n} |p_i|}{\sqrt{n(n-1)}}}$$

式中，p_i 为剩余误差，n 为测量次数，σ 为标准误差或均方根误差。

令 $\dfrac{\sigma_2}{\sigma_1} = 1 + u$，若 $|u| \geqslant \dfrac{2}{\sqrt{n-1}}$，则怀疑测量中存在系统误差。

④计算数据比较法。

对同一量进行测量得到多组数据，通过计算比较，判断是否满足随机误差条件，以发现系统误差。例如对同一量独立测量 n 组结果，并计算求得算术平均值和均方根误差为：$\overline{x_1}$，σ_1；$\overline{x_2}$，σ_2；$\cdots$；$\overline{x_n}$，σ_n。任意两组数据（$\overline{x_i}$，$\overline{x_j}$）的均方根误差为 $\sqrt{\sigma_i^2 + \sigma_j^2}$。任意两组数据 $\overline{x_i}$ 和

$\overline{x_j}$ 间不存在系统误差的条件是:

$$|\overline{x_i} - \overline{x_j}| < 2\sqrt{\sigma_i^2 + \sigma_j^2} \tag{2-9}$$

(2)系统误差的修正和消减。

能掌握的系统误差一般可通过引入修正值修正。例如对千分尺的零点修正、利用较高级的电表对低级电表作修正曲线等。但实际中,有时不易找出确切的系统误差值,则常在测量中设法抵消它的影响。下面介绍几种典型的在测量中抵消系统误差的方法。

①补偿法。

补偿法又称正负误差相消法。在电路和传感器结构设计中,经常选在同一干扰变量下能产生误差相等而符号相反的零部件或元器件作为补偿元件。例如采用负温度系数的热敏电阻补偿正温度系数电阻的温度误差,采用负温度系数的电容补偿正温度系数的电容引起的时间常数变化等。

②差动法。

相同参数的转换器具有相同的温度系数。若将它们接入电桥的相邻桥臂时,转换器的参数随输入量做差动变化,即一个桥臂的参数增加,另一个桥臂的参数减小。这时电桥的输出是单个参数转换器输出的两倍。但是它们作用于一个温度场内,由于两臂的参数一样,温度系数相同,亦即在参数完全对称的情况下,温度变化所引起的参数变化值相等,在计算输出时,二者正好相减,这样就抵消了由温度带来的误差。利用差动法,既可提高输出的灵敏度,又能有效抵消干扰因素引起的误差。因此,在检测技术中,这种方法应用极为广泛。

③比值补偿法。

测量电路中经常采用分压器以及放大器。它们的放大系数总是与所用电阻元件的电阻比值有关。为保证精确的比值,可以要求每一个电阻具有精确的电阻值,然而这种代价很高。如果所选用的电阻具有相等的相对误差和相同的电阻温度系数时,温度变化虽然使电阻值发生变化,但它们仍能保证相互比值的精确性,从而可采用较低精度的元件实现比值稳定的高精度分压或放大倍数。

④替换法。

在测量装置上对某一待测量进行测量后,立即用一标准量替换待测量,再次进行测量,并调到同样的条件,从而得出待测量等于标准量。例如,用电桥测量电阻时,调平衡后,把被测电阻用可变标准电阻替换,调标准电阻值使电桥再次达到平衡,则标准电阻的示值即为被测电阻的阻值。这样可消除用此电桥测量电阻时可能存在的固定系统误差。

⑤修正法。

测量传感器和仪器经过检定后,可以确定知道其测量误差,当再次测量时,可以将已知的测量误差作为修正值,对测量数据进行修正。例如,千分尺使用时间较长后产生磨损,可引入一个修正值,在测量时进行修正。对于仪器的示值误差,可通过与高精度仪器比较,或根据理论分析导出修正值,予以修正。

3. 测量误差的合成与分配

由于其规律和特点不同,系统误差和随机误差合成与分配处理的方法也不一样。

(1)测量误差的合成。

一个测量系统或一个传感器都是由若干部分组成的,而各部分又都存在测量误差,各局部误差对整个测量系统或仪表测量误差的影响就是误差的合成。设测量系统或仪表各环节

输入参数分别为 $x_1,x_2,\cdots,x_n$,总的输出与输入函数关系为

$$y = f(x_1, x_2, \cdots, x_n) \tag{2-10}$$

①系统误差的合成。

因为系统误差一般很小,其误差可以用微分来表示,则可以近似得到各部分系统误差的绝对值 Δ 的合成表达式为

$$\Delta = \mathrm{d}y = \frac{\partial y}{\partial x_1}\mathrm{d}x_1 + \frac{\partial y}{\partial x_2}\mathrm{d}x_2 + \cdots + \frac{\partial y}{\partial x_n}\mathrm{d}x_n \tag{2-11}$$

式中,$\mathrm{d}x_i(i=1,2,\cdots,n)$ 为各环节的绝对误差。相对误差 δ 合成的表达式为

$$\delta = \frac{\mathrm{d}y}{y} = \frac{\partial y}{\partial x_1}\frac{\mathrm{d}x_1}{y} + \frac{\partial y}{\partial x_2}\frac{\mathrm{d}x_2}{y} + \cdots + \frac{\partial y}{\partial x_n}\frac{\mathrm{d}x_n}{y} \tag{2-12}$$

②随机误差的合成。

假设测量系统或仪表由 n 个环节组成,各部分的标准误差分别为 $\sigma_1,\sigma_2,\cdots,\sigma_n$,误差合成的表达式为

$$\sigma = \sqrt{\sum_{i=1}^{n}\sigma_i^2 + 2\sum_{1<i<j<n}^{n}\rho_{ij}\sigma_i\sigma_j} \tag{2-13}$$

式中,ρ_{ij} 为第 i 个和 j 个单项随机误差之间的相关函数,ρ 的取值为 $-1 \leqslant \rho \leqslant 1$。

若各个环节标准误差相互独立,则随机误差合成表达式为

$$\sigma = \sqrt{\sigma_1^2 + \sigma_2^2 + \cdots + \sigma_n^2} \tag{2-14}$$

③总合成误差。

设测量系统或仪表的系统误差和随机误差都是相互独立的,总的合成误差的极限值 ε 可以表示为

$$\varepsilon = \sum_{i=1}^{n}\Delta_i + \sqrt{\sum_{i=1}^{n}\sigma_i^2} \tag{2-15}$$

(2)测量误差的分配。

确定了总的误差后,计算各环节(或各部分)具有多大误差才能保证总的误差值不超过规定值,称为误差的分配。如果说由各测量值的误差合成总误差是误差传递的正向过程,那么给定总误差后,如何将这个总误差分配给各环节,即对各环节误差应提出什么要求,就可以说是误差传递的反向过程。这种制订误差分配方案的工作经常会遇到,但是当总误差给定后,由于系统存在若干个环节,所以从理论上来说,误差分配方案可以有无穷多个。因此只可能在某些前提下进行分配,下面介绍几种常见的误差分配原则。

①等精度分配。

等精度分配是指分配给各环节的误差彼此相同。这种分配多用于各环节性质相同(量纲相同)、误差大小相近的情况。当然这样分配后,也可能不完全合理,可根据情况进行进一步调整。

②等作用分配。

等作用分配是指分配给各环节的误差在数值上虽然不一定相等,但它们对测量误差总的作用或总的影响是相同的。

③按主要误差进行分配。

当各环节误差中的某一项误差特别大时,若其他项对误差总的影响很小(小于或等于测

量结果总的标准偏差的 1/10),这时可以不考虑次要环节的误差分配问题,只要保证主要环节的误差小于总的误差即可。主要环节的误差也可以是若干项,这时可把误差在这几个主要误差项中分配,对系统影响较小的次要误差项则可不予考虑或酌情减小分配误差的比例。

2.2　我国传感器行业发展现状与方向

随着世界进入信息化时代,自动化、信息化成为世界各国发展的重要方向之一。传感器作为自动化和信息系统的前端器件,是制造业自动化和信息化的基础。现代传感器技术集成了多种学科的尖端成果,是国际上发展最迅速的高新技术之一,是传统产业技术改造和升级的"功效倍增器",并成为衡量一个国家科技发展的重要指标。

1. 我国传感器行业发展现状

我国传感器行业发展迅速,传感器市场近些年一直持续增长,势头良好。传感器主要应用于工业制造、汽车产品、电子通信和专用设备,其中工业制造和汽车产品达到市场份额的1/3。传感器给我国的迅速发展带来了无限商机,西门子、霍尼韦尔、凯乐、横河等传感器大企业纷纷进入我国市场,这为我国工业设备制造商和汽车制造业等传感器最终消费者带来了很大便利,但也对国内传感器行业施加了很大压力。

国内传感器产品存在的主要问题是:品种少,质量较差,制造工艺技术相对落后,生产企业没有掌握先进的核心制造技术,高性能传感器的科研成果转化率较低。大力发展新型传感器已在行业内开展多年,但新型传感器的产业化速度慢仍困扰着众多传感器企业。产品更新换代是行业持续发展的源泉,传感器正向更多领域拓展,这些领域不断增长的需求要求新型传感器产品不断涌现。网络的应用、IT 业的迅速发展,对传感器新品提出了更多要求,适应于不同行业的传感器的研发要跟上市场潮流,并创造出新的需求。只有传感器应用更广泛,产品不断更新,更好地适应市场需求,才能获得新的增长点。

2. 我国传感器的发展趋势

传感器技术发展受社会经济的制约,也带动着社会经济的发展。集成化、微型化、多功能化等技术已广泛受传感器企业的重视。就当前科技发展来看,传感器的主要发展趋势是:

(1)集成化和多功能化。

世界传感器行业快速发展,美国、欧洲以其先进的、高品质的传感器技术打入中国市场,对我国传感器企业来说,仅仅销售简单的中低端产品是不够的。只有将传感器集成化,即将传感器、信号处理器、控制系统、电源系统等产品一体化,作为投入市场的初始产品,才能获得行业的重视,满足市场需求。

各种控制仪器设备的功能越来越强大,要求各个部件体积越小越好,因而传感器本身体积也是越小越好,这就要求发展新的材料及加工技术。目前利用硅材料制作的传感器体积已经很小。如传统的加速度传感器是由重力块和弹簧等制成的,体积较大,稳定性差,寿命也短,而利用激光等各种微细加工技术制成的硅加速度传感器体积非常小,互换性、可靠性都较好。已经获得广泛应用的多功能硅压力/差压传感器是小型集成化的典型。它是在 4 mm×4 mm 的硅片上用微电子平面工艺和微机械加工工艺,采用三坑双岛的复合敏感结构,实现了差压、静压和温度 3 个参数的同时测量。

（2）新材料的研发。

随着材料行业对传感器敏感材料的进一步开发，传感器新敏感材料不断推出，高新材料已广泛用于新型传感器的制造研发中，如光纤传感器。光纤传感器可分为传感型和传光型两大类。利用外界因素改变光纤中光波的特征参数，从而对外界因素进行计量和数据传输的传感器，称为传感型光纤传感器。传光型光纤传感器是指利用其他敏感元件测得的特征量，由光纤进行数据传输的传感器。与传统传感器相比，光纤传感器具有抗电磁干扰、灵敏度高、耐腐蚀、体积小、测量对象广泛和使用寿命长等特性，因此已成为最具潜力的传感器之一。近些年，我国对光纤传感器技术的研究取得了很大的成功，使光纤传感器产品化成为可能。虽然我国对光纤传感器的研究与国际上的起步时间相差不远，但研究水平还是有差距，这使得光纤传感器仍不能实现产业化。但是，光纤传感器以其独特的优越性，必将在国内传感器行业中占有一席之地。因此，新材料的开发对传感器行业起着决定性的作用。

（3）数字化和智能化。

传感器的数字化和智能化是传感器产业的又一次突破，也成为当今传感器行业发展的重要发展方向之一。智能传感器将微处理、通信总线接口、信息检测、信息处理和信息传输等功能一体化，并自动进行补偿、校正、故障排除，将只能进行单一检测的具有单一功能的传统传感器与智能化技术相结合，实现传感器的多种测量。另外，数字传感器内部结构简单，利用纯数字电路进行测量，抗干扰性强。随着计算机技术的发展，传感器的数字化和智能化得到了最大意义上的体现，因而具有越来越大的的发展潜力和空间。

3. 当前重点发展的传感器技术和产品

（1）微机械加工技术和微传感器。

微机械加工（MEMS）技术的迅速发展，奠定了现代传感器技术的基础，推动着全新的固态传感器开发和实用化。国内已经开发了多种微结构的固态硅传感器，但没有实现产业化。MEMS 技术和传感器的出现，标志着我国的传感器技术将发生一场划时代的变革。

（2）集成工艺和集成传感器。

采用 MEMS 技术可以制造出各种不同微结构的传感器，在此基础上采用集成制造工艺，把各种微结构集成在一个硅片上，成为新型多变量集成传感器，可以同时测量多个物理量或化学量，获取控制过程的多方信息。

（3）智能化技术与智能传感器。

随着现代化的发展，传感器的功能已突破传统的功能，其输出不再是一个单一的模拟信号，而是经过微电脑处理好的数字信号，有的甚至带有控制功能，这就是所说的数字传感器。智能化使传感器由单一功能、单一检测对象向多功能、多变量检测发展，也使传感器由被动信号转换向主动信息处理方向发展。智能化技术使传感器具有一种或多种敏感微处理器功能，能够完成信号探测、变换处理、逻辑判断、功能计算、双向通信、自补偿和自诊断等部分或全部功能。

（4）网络化技术和网络化传感器。

智能化传感器的发展，为传感器测控网络的实现提供了技术基础；网络技术和传感器技术的结合，使传感器随着无所不在的计算机网络的发展而发展。这种技术上的飞跃不仅使传感器的性能大大提高，而且将带来较高的技术附加值。要实现随时随地的参数检测，传感器向网络化发展将成为今后研究的热点。

思考题

2-1　什么是测量误差？测量误差有几种表示方法？阐述它们的应用场合。

2-2　什么是测量的绝对误差、相对误差、引用误差？

2-3　用测量范围为 $-50\sim150$ kPa 的压力传感器测量 140 kPa 压力时，传感器测得的示值为 142 kPa，求该示值的绝对误差、实际相对误差及引用误差。

2-4　欲测 240 V 左右的电压，要求测量示值的相对误差的绝对值不大于 0.6%，问选用量程为 250 V 左右的电压表，其精度应选择哪一级？若选用精度为 500 V 的电压表，则精度应选择哪一级？

2-5　已知测量力为 70 N，现有两只测力仪表，一只测量范围为 $0\sim500$ N，测量精度为 0.5 级，另一只测量范围为 $0\sim100$ N，精度为 0.1 级。问选用哪一种测力仪表好？为什么？

2-6　什么是随机误差？随机误差产生的原因是什么？如何减小随机误差对测量结果的影响？

2-7　什么是系统误差？系统误差可分为几类？系统误差产生的原因是什么？如何减小或消除系统误差对测量结果的影响？

2-8　什么是粗大误差？如何判断测量数据中是否存在粗大误差？

2-9　什么是直接测量、间接测量和组合测量？举例说明。

第3章 电阻应变式传感器

电阻应变式传感器是以电阻应变片为转换元件的传感器,它是利用电阻应变片将应变转换为电阻变化,是测力的主要传感器。电阻应变式传感器是由在弹性元件上粘贴电阻应变片构成。当被测物理量作用在弹性元件上时,弹性元件的变形引起应变片的阻值变化,通过转换电路将其转变成电量输出,电量变化的大小反映了被测物理量的大小。电阻应变片不仅能够测量应变,而且对其他能转变为应变的相应变化的物理量都可以进行测量,如可以测量力、位移、压强、重量和加速度等物理量。电阻应变式传感器的测量范围小到肌肉纤维,大到登月火箭,精确度可到 0.1%~1%。有拉压式(柱、筒、环元件)、弯曲式、剪切式。电阻应变式传感器具有结构简单、体积小、测量范围广、频率响应特性好、适合动态和静态测量、使用寿命长、性能稳定等特点,是目前应用最成熟、最广泛的传感器之一。

3.1 电阻应变片工作原理

3.1.1 金属电阻应变片工作原理

金属电阻应变片的工作原理是基于电阻应变效应。当金属丝在外力作用下发生机械变形时,其电阻值将发生变化,这种现象称为金属的电阻应变效应。如图 3-1 所示。

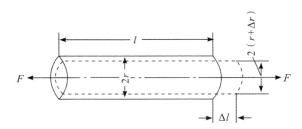

图 3-1 金属电阻丝应变效应

设有一根长度为 l、截面积为 S、电阻率为 ρ 的金属丝,其电阻 R 为

$$R = \rho \frac{l}{S} \qquad (3-1)$$

式中:ρ 为电阻丝的电阻率,l 为电阻丝的长度,S 为电阻丝的截面积。

当电阻丝受到拉力 F 作用时,将伸长 Δl,横截面积相应减小 ΔS,电阻率因材料晶格发生变形等因素影响而改变了 $\Delta \rho$,从而引起电阻值变化 ΔR,通过求全微分,得电阻的相对变化量为:

$$\frac{\mathrm{d}R}{R} = \frac{\mathrm{d}l}{l} - \frac{\mathrm{d}S}{S} + \frac{\mathrm{d}\rho}{\rho} \qquad (3-2)$$

式中：$\dfrac{\mathrm{d}R}{R}$——电阻的相对变化量；

$\dfrac{\mathrm{d}l}{l}$——金属丝长度的相对变化量，用 ε 表示，称为金属丝长度方向上的应变或轴向应变；

$\dfrac{\mathrm{d}\rho}{\rho}$——电阻率的相对变化量；

$\dfrac{\mathrm{d}S}{S}$——截面积的相对变化量，设 r 为电阻丝的半径，$S = \pi r^2$，所以

$$\frac{\mathrm{d}S}{S} = \frac{2\mathrm{d}r}{r} \qquad (3\text{-}3)$$

$\mathrm{d}r/r$ 为金属丝半径的相对变化，即径向应变为 ε_r，由材料力学可知，在弹性范围内，金属丝受拉力时，沿轴向伸长，沿径向缩短，轴向应变与径向应变的关系可表示为：

即

$$\frac{\mathrm{d}r}{r} = -\mu\frac{\mathrm{d}l}{l} \qquad (3\text{-}4)$$

$$\varepsilon_r = -\mu\varepsilon$$

式中，μ 为电阻丝材料的泊松比，负号表示应变方向与受力方向相反。

将式(3-3)与式(3-4)代入(3-2)可得：

$$\frac{\mathrm{d}R}{R} = \frac{\mathrm{d}\rho}{\rho} + \frac{\mathrm{d}l}{l}(1 + 2\mu) = \frac{\mathrm{d}\rho}{\rho} + \varepsilon(1 + 2\mu) \qquad (3\text{-}5)$$

将微分 $\mathrm{d}R$、$\mathrm{d}\rho$ 改写成增量 ΔR、$\Delta \rho$，则：

$$\frac{\Delta R}{R} = (1 + 2\mu + \frac{\Delta\rho/\rho}{\Delta l/l})\frac{\Delta l}{l} = K_s\varepsilon \qquad (3\text{-}6)$$

金属丝电阻的相对变化与金属丝的伸长或缩短之间存在比例关系。比例系数 K_s 称为金属丝的应变灵敏系数。其物理意义是单位应变所引起的电阻的相对变化量，其表达式为：

$$K_s = \frac{\Delta R/R}{\varepsilon} = 1 + 2\mu + \frac{\Delta\rho/\rho}{\varepsilon} \qquad (3\text{-}7)$$

由式(3-7)知，应变灵敏系数受两因素影响：一个是应变片受力后材料尺寸的变化，即 $1+2\mu$；另一个是应变片受力后引起的材料的电阻率的变化，即 $\dfrac{\Delta\rho/\rho}{\Delta l/l}$。这种由电阻率随应变而引起的称为压阻效应。对金属材料来说，电阻丝的 $1+2\mu$ 值要比 $\dfrac{\Delta\rho}{\Delta l/l}$ 大得多，所以金属电阻丝 $\dfrac{\mathrm{d}\rho}{\rho}$ 的影响可以忽略不计，即起主要作用的是应变效应。大量实验证明，在电阻丝拉伸极限内，电阻的相对变化与应变成正比。对绝大多数材料来说，其应变灵敏度系数在 $1 \sim 2$ 之间。金属产生的应变绝大多数恰好低于 1%（这大约是高质量钢产生的屈服应变）。所以，金属应变片的阻值变化最大为 2%。金属应变片正在向很高水平发展，市场上有各种应变片，包括温度补偿应变片和与大多数材料匹配的应变片。

3.1.2　半导体电阻应变片工作原理

半导体电阻应变片是用半导体材料制成的，其工作原理基于半导体材料的压阻效应。

半导体材料的电阻率 ρ 随作用应力的变化而发生变化的现象称为压阻效应。当半导体应变片受轴向力作用时,其电阻相对变化为:

$$\frac{\mathrm{d}R/R}{\varepsilon}=(1+2\mu)+\frac{\mathrm{d}\rho/\rho}{\varepsilon} \tag{3-8}$$

式中的 $\mathrm{d}\rho/\rho$ 为半导体应变片的电阻率相对变化量,其值与半导体敏感元件在轴向所受的应变力有关,半导体电阻的相对变化近似等于电阻率的相对变化,而电阻率的相对变化与应力成正比,二者的比例系数就是压阻系数,即:

$$\pi=\frac{\mathrm{d}\rho/\rho}{\sigma}=\frac{\mathrm{d}\rho/\rho}{E\varepsilon} \tag{3-9}$$

式中:π——半导体材料的压阻系数;

σ——半导体材料所受的应变力;

E——半导体材料的弹性模量;

ε——半导体材料的应变。

将式(3-9)代入式(3-8)中得:

$$\frac{\mathrm{d}R}{R}=(1+2\mu+\pi E)\varepsilon \tag{3-10}$$

实验证明,E 比 $1+2\mu$ 大上几十甚至百倍,所以 $1+2\mu$ 可以忽略,因而引起半导体应变片电阻变化的主要因素是压阻效应。半导体应变片的灵敏系数为:

$$\frac{\mathrm{d}R}{R}=\pi E\varepsilon \tag{3-11}$$

半导体应变片的突出优点是灵敏度高,比金属丝式高 50～80 倍,尺寸小,横向效应小,动态响应好。但它有温度系数大、应变时非线性比较严重等缺点,使它的应用范围受到一定的限制。

在外力作用下,被测对象产生微小机械变形,应变片随着发生相同的变化,同时应变片电阻值也发生相应变化。当测得应变片电阻值变化量为 ΔR 时,便可得到被测对象的应变值,根据应力与应变的关系,得到应力值 σ 为:

$$\sigma=E\varepsilon \tag{3-12}$$

由此可见,应力值 σ 正比于应变 ε,而试件应变正比于电阻值的变化,所以应力 σ 正比于电阻值的变化,这就是利用应变片测量应变的基本原理。

3.2　电阻应变片的结构、材料与粘贴

3.2.1　金属电阻应变片的结构

金属电阻应变片品种繁多,形式多样,常见的有丝式电阻应变片和箔式电阻应变片。

金属电阻应变片的大体结构基本相同,图 3-2 所示是丝式金属电阻应变片的基本结构。它由敏感栅、基片、覆盖层和引线等部分组成。敏感栅是应变片的核心部分,一般栅丝直径为 0.15～0.05 mm,敏感栅轴向称为应变片轴线,l 为栅长,b 为基宽。根据用途不同,栅长可为 0.2～200 mm,它粘贴在绝缘的基片上,其上再粘贴起保护作用的覆盖层,两端焊接引出导线。

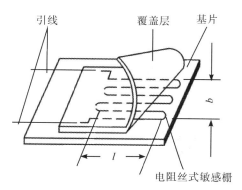

图 3-2　金属电阻应变片结构

图 3-3 是丝式电阻应变片和箔式电阻应变片的几种常用形式。丝式电阻应变片有回线式和短线式两种形式。回线式应变片是将电阻丝绕制成敏感栅粘贴在绝缘基层上,图 3-3(a)为常见回线式应变片的基本形式;短线式应变片如图 3-3(b)所示,敏感栅由电阻丝平行排列,两端用比栅丝直径大 5～10 倍的镀银丝短接构成。箔式电阻应变片是利用光刻、腐蚀等工艺制成的一种很薄的金属箔栅,其厚度一般在 0.003～0.01 mm 之间,可制成各种形状的敏感栅(即应变花),其优点是:①横向效应小;②表面积和截面积之比大,散热条件好,允许通过的电流较大;③可制成各种所需的形状,便于批量生产;④可提高匹配电桥电压,从而提高输出灵敏度;⑤疲劳寿命长,蠕变小。图 3-3 中的(c)、(d)、(e)及(f)为常见的箔式应变片形状。

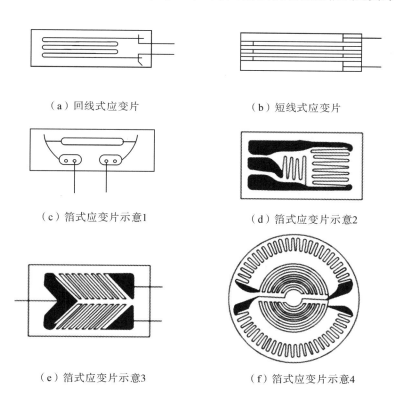

（a）回线式应变片　　　　　　　　　　（b）短线式应变片

（c）箔式应变片示意1　　　　　　　　　（d）箔式应变片示意2

（e）箔式应变片示意3　　　　　　　　　（f）箔式应变片示意4

图 3-3　常用应变片的形状

3.2.2　金属电阻应变片的材料

对金属电阻应变片材料应有如下要求：

(1)灵敏系数大,且在相当大的应变范围内保持常数；

(2)ρ 值大,即在同样长度、同样横截面积的电阻丝中具有较大的电阻值；

(3)电阻温度系数小,否则因环境温度变化,其阻值也会改变；

(4)与铜线的焊接性能好,与其他金属的接触热电势小；

(5)机械强度高,具有优良的机械加工性能。

康铜是目前应用最广泛的应变丝材料,它有很多优点:灵敏系数稳定性好,不但在弹性变形范围内能保持为常数,进入塑性变形范围内也基本上能保持为常数；电阻温度系数较小且稳定,当采用合适的热处理工艺时,可使电阻温度系数在$\pm 50 \times 10^{-6}/℃$的范围内；加工性能好,易于焊接。因而国内外多以康铜作为应变丝材料。

表 3-1 给出了常用金属电阻丝材料的性能数据。

表 3-1　常用电阻丝材料及性能

材料	成分		灵敏系数 K_0	电阻率/ $(\mu\Omega \cdot mm)$ (20 ℃)	电阻温度系数 $\times 10^{-6}/℃$ (0~100 ℃)	最高使用温度/℃	对铜的热电势/ $(\mu V/℃)$	线膨胀系数 $\times 10^{-6}/℃$
	元素	质量分数/%						
康铜	Ni	45	1.9~2.1	0.45~0.25	±20	300(静态) 400(动态)	43	15
	Cu	55						
镍铬合金	Ni	80	2.1~2.3	0.9~1.1	110~130	450(静态) 800(动态)	3.8	14
	Cr	20						
镍铬铝合金 (6J22, 卡玛合金)	Ni	74	2.4~2.6	1.24~1.42	±20	450(静态) 800(动态)	3	
	Cr	20						
	Al	3						
	Fe	3						13.3
镍铬铝合金 (6J23)	Ni	75	2.4~2.6	1.24~1.42	±20	450(静态) 800(动态)	3	
	Cr	20						
	Al	3						
	Cu	2						
铁镍铝合金	Fe	70	2.8	1.3~1.5	30~40	700(静态) 1000(动态)	2~3	14
	Cr	25						
	Al	5						
铂	Pt	100	4~6	0.09~0.11	3900	800(静态) 100(动态)	7.6	8.9
铂钨合金	Pt	92	3.5	0.68	227		6.1	8.3~9.2
	W	8						

3.2.3　金属电阻应变片的粘贴

应变片是用黏结剂粘贴到被测件上的。黏结剂形成的胶层必须准确、迅速地将被测件应变传递到敏感栅上。选择黏结剂时必须考虑应变片材料和被测件材料性能,不仅要求黏结力强,黏结后机械性能可靠,而且黏合层要有足够大的剪切弹性模量、良好的电绝缘性、蠕变和滞后小,耐湿,耐油,耐老化,动态应力测量时耐疲劳等。还要考虑到应变片的工作条件,如温度、相对湿度、稳定性要求以及贴片固化时加热加压的可能性等。

常用的黏结剂类型有硝化纤维素型、氰基丙烯酸型、聚酯树脂型、环氧树脂型和酚醛树脂型等。

粘贴工艺包括被测件粘贴表面处理、贴片位置确定、涂底胶、贴片、干燥固化、贴片质量检查、引线的焊接与固定以及防护与屏蔽等。黏结剂的性能及应变片的粘贴质量直接影响着应变片的工作特性,如零漂、蠕变、滞后、灵敏系数、线性以及它们受温度变化影响的程度等。可见,黏结剂的选择和正确的黏结工艺与应变片的测量精度有着极其重要的关系。

3.3　电阻应变片的特性

3.3.1　弹性敏感元件基本特性

物体在外力作用下而改变原来尺寸或形状的现象称为变形,而当外力去掉后物体又能完全恢复其原来的尺寸和形状,这种变形称为弹性变形。具有弹性变形特性的物体称为弹性元件。

弹性元件在应变片测量技术中占有极其重要的地位。它首先把力、力矩变换成相应的应变或位移,然后传递给粘贴在弹性元件上的应变片,通过应变片将力、力矩转换成相应的电阻值。下面介绍弹性元件的基本特性。

1. 刚度

刚度是弹性元件受外力作用下变形大小的量度,其定义是弹性元件单位变形下所需要的力,用 C 表示,其数学表达式为:

$$C = \lim_{\Delta x \to 0} \frac{\Delta F}{\Delta x} = \frac{\mathrm{d}F}{\mathrm{d}x} \tag{3-13}$$

式中:F——作用在弹性元件上的外力,单位为牛顿(N);

　　　x——弹性元件所产生的变形,单位为毫米(mm)。

刚度也可以从弹性特性曲线上求得。图 3-4 中弹性特性曲线 1 上 A 点的刚度,可通过在 A 点作曲线 1 的切线,求该切线与水平夹角的正切来得出,即 $\tan\theta = \mathrm{d}F/\mathrm{d}x$。若弹性元件的特性是线性的,则其刚度是一个常数,即 $\tan\theta_0 = F/x =$ 常数,如图 3-4 中的直线 2 所示。

2. 灵敏度

通常用刚度的倒数来表示弹性元件的特性,称为弹性元件的灵敏度,一般用 S 表示,其表达式为:

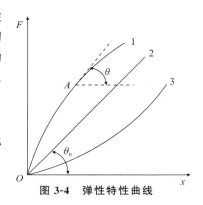

图 3-4　弹性特性曲线

$$S = \frac{1}{C} = \frac{\mathrm{d}x}{\mathrm{d}F} \tag{3-14}$$

从式(3-14)可以看出,灵敏度就是单位力作用下弹性元件产生变形的大小。灵敏度大,表明弹性元件软,变形大。与刚度相似,若弹性特性是线性的,则灵敏度为一常数;若弹性特性是非线性的,则灵敏度为一变数,即表示此弹性元件在弹性变形范围内,各处由单位力产生的变形大小是不同的。

通常使用的弹性元件的材料为合金钢、铍青铜、不锈钢。

传感器中弹性元件的输入量是力,输出量是应变或位移。在力的变换中,弹性敏感元件通常有实心或空心圆柱体、等截面圆环、等截面或等强度悬臂梁等,如图 3-5 所示。变换压力的弹性敏感元件有弹簧管、膜片、膜盒、薄壁圆桶等。

图 3-5 弹性元件种类

3.3.2 电阻应变片的静态特性

在使用过程中,要正确了解电阻应变片的特性和参数,才不会出现错误。

应变片的电阻值是指应变片没有粘贴且未受应变时在室温下测定的电阻值,即初始电阻值。金属电阻应变片的电阻值已标准化,有一定的系列,如 60 Ω、120 Ω、250 Ω、350 Ω 和 1000 Ω,其中以 120 Ω 最为常用。

1. 灵敏系数

当具有初始电阻值 R 的应变片粘贴于试件表面时,试件受力引起的表面应变将传递给应变片的敏感栅,使其产生电阻相对变化 $\Delta R/R$。理论和实验表明,在一定应变范围内 $\Delta R/R$ 与轴向应变 ε 的关系满足下式:

$$\frac{\Delta R}{R} = K\varepsilon \tag{3-15}$$

定义 $K = (\Delta R/R)/\varepsilon$ 为应变片的灵敏系数。它表示安装在被测试件上的应变在其轴向受到单向应力时,引起的电阻相对变化($\Delta R/R$)与其单向应力引起的试件表面轴向应变(ε)之比。

应变片灵敏系数一般由实验方法求得。因为应变片粘贴到弹性体上就不能取下来再用,所以不能对每一个应变片的灵敏系数进行标定,只能抽样标定,在规定条件下,通过实测来确定,再求平均值作为同一批产品的灵敏度系数。上述规定条件是:

（1）试件材料取泊松比 $\mu_0 = 0.285$ 的钢材；

（2）试件单向受力；

（3）应变片轴向与主应力方向一致。

2．横向效应

当将图 3-6 所示的应变片粘贴在被测试件上时，由于其敏感栅是由 n 条长度为 l_1 的直线段和直线段端部的 $n-1$ 个半径为 r 的半圆弧或直线组成的，若该应变片承受轴向应力而产生纵向拉应变 ε_x，则各直线段的电阻将增加，但在半圆弧段则受到从 $+\varepsilon_x$ 到 $-\varepsilon_x$ 之间变化的应变，其电阻的变化将小于沿轴向安放的同样长度电阻丝电阻的变化。

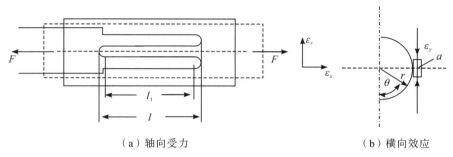

（a）轴向受力　　　　　　　　　　　（b）横向效应

图 3-6　应变片轴向受力及横向效应

综上所述，将直的电阻丝绕成敏感栅后，虽然长度不变，但应变状态不同，应变片敏感栅的电阻变化减小，因而其灵敏系数 K 较整长电阻丝的灵敏系数 K_0 小，这种现象称为应变片的横向效应。

必须指出：应变片的灵敏系数 K 并不等于其敏感栅整长应变丝的灵敏系数 K_0，一般情况下，$K < K_0$。这是因为在单向应力产生应变时，K 除受到敏感栅结构形状、成型工艺、黏结剂和基底性能的影响外，尤其受到栅端圆弧部分横向效应的影响。为了减小横向效应产生的测量误差，现在一般多采用箔式应变片。

3．绝缘电阻和最大工作电流

应变片绝缘电阻是指已粘贴的应变片的引线与被测件之间的电阻值 R_m。通常要求 R_m 在 $100\ M\Omega$ 以上。绝缘电阻下降将使测量系统的灵敏度降低，使应变片的指示应变产生误差。R_m 取决于黏结剂及基底材料的种类及固化工艺。在常温使用条件下要采取必要的防潮措施，而在中温或高温条件下，要注意选取电绝缘性能良好的黏结剂和基底材料。

最大工作电流是指已安装的应变片允许通过敏感栅而不影响其工作特性的最大电流 I_{max}。工作电流大，输出信号也大，灵敏度就高。但工作电流过大会使应变片过热，灵敏系数产生变化，零漂及蠕变增加，甚至烧毁应变片。工作电流的选取要根据试件的导热性能及敏感栅的形状和尺寸来决定。通常静态测量时取 $25\ mA$ 左右，动态测量时可取 $75 \sim 100\ mA$。箔式应变片散热条件好，电流可取得更大一些。在测量塑料、玻璃、陶瓷等导热性差的材料时，电流可取得小一些。

3.3.3　电阻应变片的温度误差及补偿

由于测量现场环境温度的改变而给测量带来的附加误差，称为应变片的温度误差。

应变片的阻值受环境温度（包括被测试件的温度）影响很大。原因主要有：①应变片的电阻丝具有一定温度系数;②电阻丝材料与测试材料的线膨胀系数不同。

1. 电阻温度系数的影响

敏感栅的电阻丝阻值随温度变化的关系可用下式表示:

$$R_T = R_0(1 + \alpha_0 \Delta t) \tag{3-16}$$

式中:R_T——温度为 t 时的电阻值;

$\quad R_0$——温度为 t_0 时的电阻值;

$\quad \alpha_0$——温度为 t_0 时金属丝的电阻温度系数;

$\quad \Delta t$——温度变化值,$\Delta t = t - t_0$。

当温度变化 Δt 时,电阻丝电阻的变化值为

$$\Delta R_T = R_T - R_0 = R_0 \alpha_0 \Delta t \tag{3-17}$$

2. 试件材料和电阻丝材料的线膨胀系数的影响

当试件与电阻丝材料的线膨胀系数不同时,由于环境温度的变化,电阻丝会产生附加变形,从而产生附加电阻变化。设电阻丝和试件在温度为 0 ℃时的长度均为 l_0,它们的线膨胀系数分别为 β_s 和 β_g,若两者不粘贴,则它们的长度分别为:

$$l_s = l_0(1 + \beta_s \Delta t) \tag{3-18}$$

$$l_g = l_0(1 + \beta_g \Delta t) \tag{3-19}$$

当两者粘贴在一起时,电阻丝产生的附加变形 Δl、附加应变 ε_β 和附加电阻变化 ΔR_β 分别为:

$$\Delta l = l_g - l_s = (\beta_g - \beta_s) l_0 \Delta t \tag{3-20}$$

$$\varepsilon_\beta = \frac{\Delta l}{l_0} = (\beta_g - \beta_s) \Delta t \tag{3-21}$$

$$K_0 R_0 \varepsilon_\beta = K_0 R_0 (\beta_g - \beta_s) \Delta t \tag{3-22}$$

由式(3-17)和式(3-22)可得由于温度变化而引起的应变片总电阻变化量为:

$$\Delta R_T = \Delta R_\alpha + \Delta R_\beta = R_0 \alpha_0 \Delta t + K_0 R_0 (\beta_g - \beta_s) \Delta t \tag{3-23}$$

总电阻相对变化量为:

$$\frac{\Delta R_T}{R} = \frac{\Delta R_\alpha + \Delta R_\beta}{R} = \alpha_0 \Delta t + K_0 (\beta_g - \beta_s) \Delta t \tag{3-24}$$

折合成附加应变量或虚假的应变 ε_T,有:

$$\varepsilon_T = \frac{\Delta R_T / R}{K_0} = \left[\frac{\alpha_0}{K_0} + (\beta_g - \beta_s) \right] \Delta t \tag{3-25}$$

从式(3-24)可知,因环境温度变化而引起的附加电阻的相对变化量,除了与环境温度有关外,还与应变片自身的性能参数(K_0, α_0, β_s)以及被测试件线膨胀系数 β_g 有关。要消除温度引起的误差,须采取温度补偿措施。

3. 电阻应变片的温度补偿方法

电阻应变片的温度补偿方法通常有线路补偿和应变片自补偿两大类。

(1)线路补偿法。

电桥补偿是最常用且效果较好的线路补偿法。图 3-7(a)是电桥补偿法的原理图。电桥输出电压 U_o 与桥臂参数的关系为

$$U_o = A(R_1 R_4 - R_B R_3) \tag{3-26}$$

式中,A 为由桥臂电阻和电源电压决定的常数。由上式可知,当 R_3 和 R_4 为常数时,R_1 和 R_B 对电桥输出电压 U_o 的作用方向相反。利用这个基本特性可实现对温度的补偿,并且补偿效果较好。这是最常用的补偿方法之一。

测量应变时,使用两个应变片:一片贴在被测试件的表面,图中 R_1 称为工作应变片;另一片贴在与被测试件材料相同的补偿块上,图中 R_B 称为补偿应变片。在工作过程中补偿块不承受应变,仅随温度发生变形。工程上一般按 $R_1 = R_B = R_3 = R_4$ 选取桥臂电阻。由于 R_1 与 R_B 接入电桥相邻臂上,造成 ΔR_{1t} 与 ΔR_{Bt} 相同,根据电桥理论可知,其输出电压 U_o 与温度无关。当工作应变片感受应变时,电桥将产生相应的输出电压。

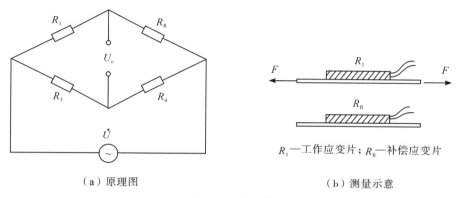

（a）原理图　　　　　　　　　　　　　（b）测量示意

图 3-7　电桥补偿法

当温度升高或降低时,若 $\Delta R_{1t} = \Delta R_{2t}$,即两个应变片的热输出相等,由上式可知电桥的输出电压为零,即:

$$U_o = A[(R_1 + \Delta R_{1t})R_4 - (R_B + \Delta R_{Bt})R_3] = 0 \tag{3-27}$$

若此时有应变作用,只会引起电阻 R_1 发生变化,R_B 不承受应变。故由前式可得输出电压为:

$$U_o = A[(R_1 + \Delta R_{1t} + R_1 K\varepsilon)R_4 - (R_B + \Delta R_{Bt})R_3] = A R_1 R_4 K\varepsilon \tag{3-28}$$

由上式可知,电桥输出电压只与应变 ε 有关,与温度无关。为达到完全补偿,须满足下列四个条件:

①R_1 和 R_B 须属于同一批号的,即它们的电阻温度系数 α、线膨胀系数 β、应变灵敏系数 K 都相同,两片的初始电阻值也要求相同;

②用于粘贴补偿片的构件和粘贴工作片的试件的材料必须相同,即要求两者线膨胀系数相等;

③工作片与补偿片应处于同一温度环境中;

④在应变片工作过程中,保证 $R_3 = R_4$。

此方法简单易行,能在较大温度范围内进行补偿。缺点是四个条件不易满足,尤其是条件②。在某些测试条件下,温度场梯度较大,R_1 和 R_B 很难处于相同温度点。

（2）应变片自补偿法。

应变片的自补偿法是利用自身具有温度补偿作用的应变片(称之为温度自补偿应变片)来补偿的。温度自补偿应变片的工作原理可由式(3-27)得出。要实现温度自补偿,必须有

$$\alpha_0 = -K(\beta_g - \beta_s) \tag{3-29}$$

每一种材料的被测试件,其线膨胀系数 β_g 都为确定值,可以在有关的材料手册中查到。在选择应变片时,若应变片的敏感栅是用单一的合金丝制成,并且其电阻温度系数 α_0、灵敏度系数 K 和线膨胀系数 β_s 满足上式的条件,即可实现温度自补偿。具有这种敏感栅的应变片称为单丝自补偿应变片。单丝自补偿应变片的优点是结构简单,制造和使用都比较方便,但它必须在具有一定线膨胀系数材料的试件上使用,否则不能达到温度自补偿的目的。

3.4　电阻应变片的测量电路

应变片将试件的应变 ε 转换成电阻的相对变化量 $\Delta R/R$,要把微小应变引起的微小电阻变化测量出来,同时要把电阻相对变化 $\Delta R/R$ 转换为电压或电流的变化,通常采用各种电桥电路。电桥有平衡电桥(零位法)和不平衡电桥(偏差法),电阻应变片的测量电路一般采用不平衡电桥。根据电源的不同,电桥分为直流电桥和交流电桥。直流电桥与交流电桥在原理上相似。

3.4.1　直流电桥

1. 直流电桥平衡条件

图 3-8 所示为单臂直流不平衡电桥,它的四个桥臂由电阻 R_1、R_2、R_3、R_4 组成,R_1 是应变片。

$$U_o = \frac{R_1 R_4 - R_2 R_3}{(R_1 + R_2)(R_3 + R_4)} E \tag{3-30}$$

初始状态下,电桥是平衡的,有 $R_1 R_4 = R_2 R_3$,输出电压 $U_o = 0$。即电桥平衡的条件为电桥相邻两臂电阻的比值相等,或相对两臂电阻的乘积相等。

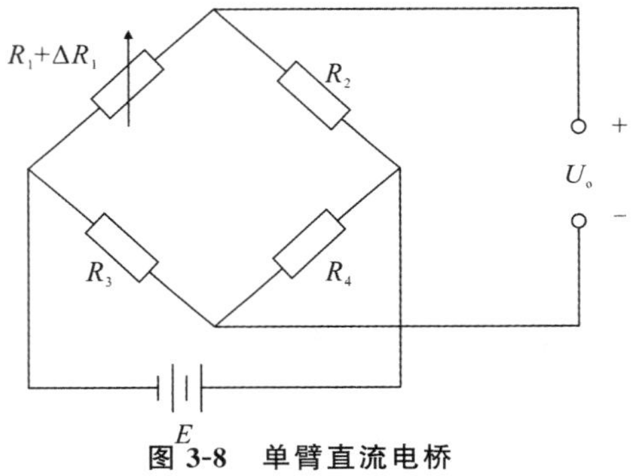

图 3-8　单臂直流电桥

2. 直流电桥电压灵敏度

当应变片 R_1 承受应变 ε 时,其阻值发生变化,电桥失去平衡,设其增量为 ΔR_1,则输出电压 U_o 为:

$$\begin{aligned}
U_o &= E\left(\frac{R_1 + \Delta R_1}{R_1 + \Delta R_1 + R_2} - \frac{R_3}{R_3 + R_4}\right) \\
&= E\frac{\Delta R_1 R_4}{(R_1 + \Delta R_1 + R_2)(R_3 + R_4)} \\
&= E\frac{\dfrac{\Delta R_1}{R_1}\dfrac{R_4}{R_3}}{\left(1 + \dfrac{\Delta R_1}{R_1} + \dfrac{R_2}{R_1}\right)\left(1 + \dfrac{R_4}{R_3}\right)}
\end{aligned}$$

设桥臂比 $n = R_2/R_1$,由于 $\Delta R_1 \ll R_1$,分母中 $\Delta R_1/R_1$ 可忽略,并考虑到平衡条件 $R_2/R_1 = R_4/R_3$,则式(3-30)可写为:

$$U_o = \frac{n}{(1+n)^2}\frac{\Delta R_1}{R_1}E \tag{3-31}$$

电桥电压灵敏度定义为

$$K_U = \frac{U_o}{\dfrac{\Delta R_1}{R_1}} = \frac{n}{(1+n)^2}E \tag{3-32}$$

分析式(3-32)发现:

(1)电桥电压灵敏度正比于电桥供电电压,供电电压越高,电桥电压灵敏度越高,但供电电压的提高受到应变片允许功耗的限制,所以要选择适当;

(2)电桥电压灵敏度是桥臂电阻比值 n 的函数,恰当地选择桥臂比 n 的值,可保证电桥具有较高的电压灵敏度。

当 E 值确定后,n 取何值时才能使 K_U 最高?

由 $\dfrac{\mathrm{d}K_U}{\mathrm{d}n} = 0$ 得:

$$\frac{\mathrm{d}K_U}{\mathrm{d}n} = \frac{1-n^2}{(1+n)^4}E = 0 \tag{3-33}$$

求得 $n=1$ 时,K_U 取最大值。这就是说,在供桥电压确定后,当 $R_1 = R_2 = R_3 = R_4$ 时,电桥电压灵敏度最高,此时有:

$$U_o = \frac{E}{4} \cdot \frac{\Delta R_1}{R_1} \tag{3-34}$$

$$K_U = \frac{E}{4} \tag{3-35}$$

从上可知,当电源电压 E 和电阻相对变化量 $\Delta R_1/R_1$ 一定时,电桥的输出电压及其灵敏度也是定值,且与各桥臂电阻阻值大小无关。

3. 电桥的非线性误差及其补偿方法

式(3-30)是略去分母中的 $\Delta R_1/R_1$ 项,电桥输出电压与电阻相对变化成正比的理想情况下得到的,实际情况则应按下式计算:

$$U_o = \frac{n \cdot \dfrac{\Delta R_1}{R_1}}{\left(1+n+\dfrac{\Delta R_1}{R_1}\right)(1+n)}E \tag{3-36}$$

设理想情况下:

$$U_o = \frac{E}{4} \cdot \frac{\Delta R_1}{R_1} \tag{3-37}$$

在四等臂电桥情况下,电桥的非线性误差 δ 为:

$$\delta = \frac{U_o}{U_0'} - 1 = \left(1 + \frac{1}{2} \cdot \frac{\Delta R_1}{R_1}\right)^{-1} - 1 \approx 1 - \frac{1}{2} \cdot \frac{\Delta R_1}{R_1} - 1 = -\frac{1}{2} \cdot \frac{\Delta R_1}{R_1} = -\frac{1}{2}K\varepsilon \tag{3-38}$$

可见,δ 与 $\Delta R_1/R_1$ 成正比,有时可达到可观的程度。

为了减少非线性误差,通常可以采用差动电桥,即在试件上安装两个工作应变片,一个受拉应变,一个受压应变,接入电桥相邻桥臂,称为半桥差动电路,如图 3-9(a)所示。

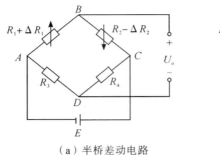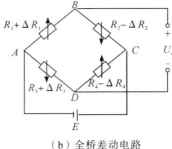

（a）半桥差动电路　　　　　　（b）全桥差动电路

图 3-9　直流差动电桥

该电桥输出电压为：

$$U_o = E\left(\frac{R_1 + \Delta R_1}{R_1 + \Delta R_1 + R_2 - \Delta R_2} - \frac{R_3}{R_3 + R_4}\right) \tag{3-39}$$

若 $\Delta R_1 = \Delta R_2, R_1 = R_2 = R_3 = R_4$，则得：

$$U_o = \frac{E}{2} \cdot \frac{\Delta R_1}{R_1} \tag{3-40}$$

U_o 与 $\Delta R_1/R_1$ 呈线性关系，差动电桥无非线性误差，而且电桥电压灵敏度 $K_U = E/2$，是单臂工作时的 2 倍，同时还具有温度补偿作用。

若将电桥四臂接入 4 片应变片，如图 3-9(b)所示，即两个受拉应变，两个受压应变，将两个应变符号相同的接入相对桥臂上，构成全桥差动电路。若 $\Delta R_1 = \Delta R_2 = \Delta R_3 = \Delta R_4$，且 $R_1 = R_2 = R_3 = R_4$，则：

$$U_o = E \cdot \frac{\Delta R_1}{R_1} \tag{3-41}$$

$$K_U = E \tag{3-42}$$

此时全桥差动电路不仅没有非线性误差，而且电压灵敏度为单片工作时的 4 倍，同时仍具有温度补偿作用。

3.4.2　交流电桥

直流电桥的主要优点是高稳定直流电源容易获得，电桥调节平衡电路简单，传感器至测量仪表的连接线分布参数影响小，所以是主要的测量电路；但其缺点是直流放大器较复杂，存在零漂工频干扰。因此应变电桥多采用交流电桥，其优点是放大电路简单，无零漂，不受干扰，为特定传感器带来方便。

1. 交流电桥平衡条件

图 3-10 为交流电桥电路。Z_1、Z_2、Z_3、Z_4 为复阻抗，$\dot{U}$ 为交流电压源，开路输出电压为 $\dot{U}_o$，根据交流电路分析可得：

$$\dot{U}_o = \dot{U}\,\frac{Z_1 Z_4 - Z_2 Z_3}{(Z_1 + Z_2)(Z_3 + Z_4)} \tag{3-43}$$

要满足电桥平衡条件。即 $\dot{U}_o = 0$，则有：

$$Z_1 Z_4 - Z_2 Z_3 = 0 \tag{3-44}$$

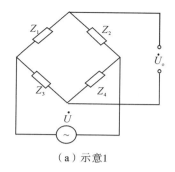
（a）示意1

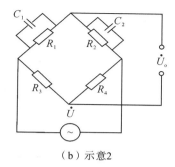
（b）示意2

图 3-10　交流电桥

2. 交流电桥的输出特性及平衡调节

设交流电桥的初始状态是平衡的，$Z_1 Z_4 - Z_2 Z_3 = 0$，当工作应变片 R_1 改变 ΔR_1 后，引起 Z_1 变化 ΔZ_1，可得：

$$\dot{U}_o = \dot{U} \frac{\dfrac{Z_4}{Z_3} \cdot \dfrac{\Delta Z_1}{Z_1}}{\left(1 + \dfrac{Z_2}{Z_1} + \dfrac{\Delta Z_1}{Z_1}\right)\left(1 + \dfrac{Z_4}{Z_3}\right)} \tag{3-45}$$

略去上面分母中的 $\Delta Z_1 / Z_1$，并满足电桥平衡条件，则：

$$\dot{U}_o = \frac{\dfrac{\dot{U}}{4} \Delta Z_1}{Z_1} \tag{3-46}$$

例如，图 3-10(b)为半桥差动交流电桥的一般形式，$\dot{U}$ 为交流电压源，由于供桥电源为交流电源，引线分布电容和电缆分布电容使得二桥臂应变片呈现复阻抗特性，即相当于两只应变片各并联了一个电容，则每一桥臂上复阻抗分别为：

$$Z_1 = \frac{R_1}{1 + j\omega R_1 C_1} \tag{3-47}$$

$$Z_2 = \frac{R_2}{1 + j\omega R_2 C_2} \tag{3-48}$$

$$Z_3 = R_3 \tag{3-49}$$

$$Z_4 = R_4 \tag{3-50}$$

由电桥平衡条件可得：

$$R_1 R_4 = R_2 R_3 \tag{3-51}$$

$$R_1 C_1 = R_2 C_2 \tag{3-52}$$

对这种交流电容电桥，除要满足电阻平衡条件外，还必须满足电容平衡条件。为此，在桥路上除设有电阻平衡调节外，还设有电容平衡调节。电桥平衡调节电路如图 3-11 所示。

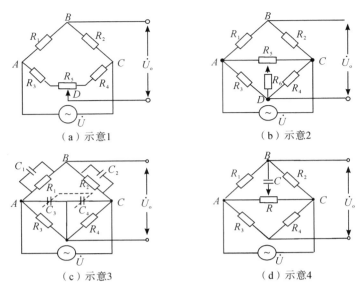

图 3-11　交流电桥平衡调节电路

3.5　应变式力传感器应用举例

被测物理量为荷重或力的应变式传感器,统称为应变式力传感器,可用于测量力、压力、扭矩、位移、加速度等。其主要用途是作为各种电子秤与材料试验机的测力元件,及用于发动机的推力测试和水坝坝体承载状况监测等。

现介绍一些常用的应变式力传感器的工作原理、结构特点及设计要点。

3.5.1　应变式测力传感器

荷重传感器、拉力传感器的弹性元件可以做成圆柱形、圆环形、梁形、长方体形、S形等。下面介绍圆柱式和梁式力传感器。

1. 圆柱式力传感器

应变片粘贴在空心圆柱的外壁应力分布均匀的中间部分,对称地粘贴多片,电桥连接时注意尽量减小载荷偏心和弯矩的影响,如图 3-12(a)所示。贴片在圆柱面上的展开位置见图 3-12(b),电桥连接见图 3-12(c)。R_1、R_3 串联,R_2、R_4 串联并置于相对臂,以减小弯矩影响。横向贴片做温度补偿。

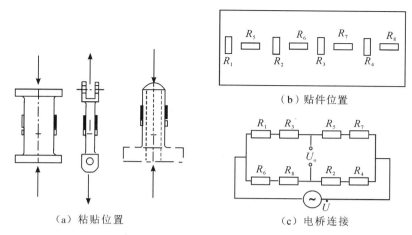

（b）贴件位置

（a）粘贴位置

（c）电桥连接

图 3-12　荷重传感器弹性元件贴片形式

2. 梁式力传感器

梁有多种形式,如等截面梁、悬臂梁等。图 3-13(a)为等截面梁,传感器结构简单,灵敏度高,适用于 500 kg 以下的载荷测量。当外力 F 作用在梁的自由端时,固定端产生的应变最大,粘贴在应变片处的应变为:

$$\varepsilon = \frac{6FL_0}{bh^2E} \tag{3-53}$$

式中:L_0——悬臂梁受力端距应变中心的长度;

b、h——梁的宽度、梁的厚度。

悬臂梁长度方向的截面积按一定规律变化时,是一种特殊形式的悬臂梁。图 3-13(b)为等强度梁,力作用于梁的顶点上,梁内各断面产生的应力是相等的,表面上的应力也是相等的,与 L 方向的贴片位置无关。当力作用在自由端时,梁内各断面产生的应力相等,表面上的应变也相等,所以称为等强度梁。等强度梁对在 L 方向上粘贴应变片的位置要求不严,应变片处的应变大小为:

$$\varepsilon = \frac{6FL}{bh^2E} \tag{3-54}$$

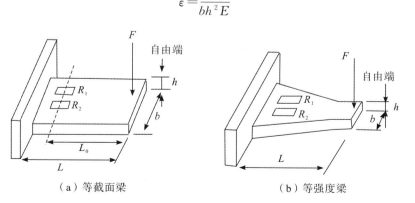

（a）等截面梁

（b）等强度梁

图 3-13　悬臂梁

在悬臂梁式力传感器中,一般将应变片贴在距固定端较近的表面,且顺梁的方向上、下各贴两片,上面两个应变片受压时,下面两个应变片受拉,并将四个应变片组成全桥差动电桥。这样既可提高输出电压灵敏度,又可减小非线性误差。

3.5.2 应变式压力传感器

应变式压力传感器主要用来测量流动介质的动态或静态压力,如动力管道设备的进出口气体或液体的压力、发动机内部的压力、枪管及炮管内部的压力、内燃机管道的压力等。

应变式压力传感器大多采用膜片式或筒式弹性元件。

图 3-14 为膜片式压力传感器,传感器的弹性体为圆膜片,应变片贴在膜片内壁,在压力 p 作用下,膜片产生径向应变 ε_r 和切向应变 ε_t,表达式分别为

$$\varepsilon_r = \frac{3p(1-u^2)(R^2-3x^2)}{8h^2E} \tag{3-55}$$

$$\varepsilon_t = \frac{3p(1-u^2)(R^2-x^2)}{8h^2E} \tag{3-56}$$

式中:p——膜片上均匀分布的压力;

R、h——膜片的半径、厚度;

x——离圆心的径向距离。

由应力分布图可知,膜片弹性元件承受压力 p 时,其应变变化曲线的特点为:当 $x=0$ 时,$\varepsilon_{rmax}=\varepsilon_{tmax}$;当 $x=R$ 时,$\varepsilon_t=0$,$\varepsilon=-2\varepsilon_{rmax}$。

根据应力分布,粘贴四个应变片,两个贴在正的最大区域(R_2、R_3),两个贴在负的最大区域(R_1、R_4),就是粘贴在内、外两侧。一般在平膜片圆心处沿切向粘贴 R_1、R_4 两个应变片,在边缘处沿径向粘贴 R_2、R_3 两个应变片,然后接成全桥测量电路。这类传感器一般可测量 $10^5 \sim 10^6$ Pa 的压力。

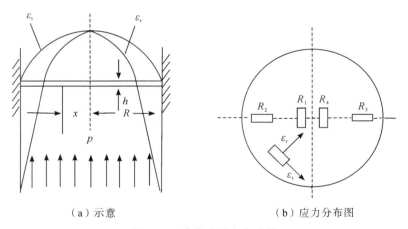

（a）示意　　　　　　　（b）应力分布图

图 3-14　膜片式压力传感器

3.5.3 应变式加速度传感器

应变式加速度传感器主要用于物体加速度的测量,其基本工作原理是:物体运动的加速度与作用在它上面的力成正比,与物体的质量成反比,即 $a=F/m$。

图 3-15 是应变片式加速度传感器的结构示意图,图中有等强度梁,自由端安装质量块,

另一端固定在壳体上。等强度梁上粘贴四个电阻应变敏感元件。为了调节振动系统阻尼系数,在壳体内充满硅油。

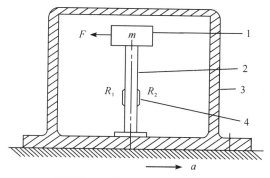

1—质量块;2—弹性梁;3—壳体;4—应变片
图 3-15　应变式加速度传感器

测量原理:将传感器壳体与被测对象刚性连接,当被测物体以加速度 a 运动时,质量块受到一个与加速度方向相反的惯性力作用,使悬臂梁变形,该变形被粘贴在悬臂梁上的应变片感受到并随之产生应变,从而使应变片的电阻发生变化。电阻的变化引起应变片组成的桥路出现不平衡,从而输出电压,即可得出加速度 a 值的大小。

适用范围:不适用于频率较高的振动和冲击场合,一般适用频率为 $10\sim60$ Hz 范围。

3.6　应变式荷重传感器企业范例

3.6.1　应变式荷重传感器发展历史

20 世纪 50 年代末,我国航天、航空工业部门就开始了应变式荷重传感器的研究,但其技术没有向民用领域发展。就全世界而言,我国荷重传感器的研究和生产起步较晚,20 世纪 60 年代只有寥寥几个厂家能生产普通精度级别的应变式荷重传感器,而且结构单一,只有圆柱和圆环两种结构,没有电路补偿与调整,甚至有些产品调整零点还需要用外部的平衡调整箱。

随着科技的进步和国民经济的发展,各个行业,以及工厂、码头、仓库等对电子衡器,即称重计量设备的需求量不断增加,使得我国荷重传感器行业得到了极大的发展。20 世纪 80 年代中期到 90 年代中期,这十年是我国荷重传感器技术稳步发展的十年。在这十年间,我国荷重传感器的品种和规格迅速增加,产品质量也不断提高。其间很多生产厂家都改进了工艺设备,使用更先进的检测仪器,添置了智能温度补偿和灵敏度温度补偿设备,实现了规模化生产。20 世纪 90 年代中期,我国荷重传感器的生产企业增加到 160 多个,年产量 200 多万只。除满足国内市场需求外,还开始小批量出口,呈现出较好的发展势头。

目前我国荷重传感器产业结构矛盾也比较突出:通用性产品多,精致、专一和特制的产品少;仿制的多,自主品牌的较少;精确度低的产品多,高的少。然而荷重传感器在其中占了相当大的比重,随着物联网技术的快速发展,对荷重传感器的需求也会越来越大,但精度及灵敏度还需进一步提高。

3.6.2 锐马(福建)电气制造有限公司荷重传感器产品

1. 公司简况

公司是专业从事电阻应变式、数字式、振弦式、油压式称重、测力传感器、仪器仪表和系统工程的研发、生产及销售于一体的高科技企业。公司荣获国家级高新技术企业、中国衡器协会理事单位、福建省著名商标、福建省名牌产品等众多荣誉。公司在稳定生产的同时大力推进新产品开发和技术创新,保持与相关院校的产学研持续合作,在技术领域中已形成了传感器、仪器仪表、称重系统等系列化的人才队伍和自主研发中心,现已取得了二维测力传感器、数字传感器接地 A/D 模块、S 型插拔式称重传感器等 20 余项专利,其多项核心技术处于国内领先水平。公司现生产的称重、测力传感器品种全,精度高,性能好,还具有防腐、防水、防爆、防震、防雷击等特点。

2. 主要产品

锐马开发的荷重传感器种类有 S 型传感器(如图 3-16 所示)、悬臂梁传感器(RM-F 型)、桥式传感器等。RM-S1 型传感器的主要技术指标如下:

(1)额定载荷:50～5000 kg;

(2)灵敏度:2.0±0.002% mV/V;

(3)非线性(含滞后):±0.02% F.S;

(4)重复性:±0.02% F.S;

(5)蠕变(30 min):±0.02% F.S;

(6)温度对零点影响:±0.02% F.S/10 ℃;

(7)温度对灵敏度影响:±0.02% F.S/10 ℃;

(8)工作温度:-30～70 ℃;

(9)温度补偿范围:-20～60 ℃;

(10)最大工作电压:15 V DC。

不管是桥式传感器、S 型传感器还是悬臂梁传感器,其工作原理均基于应变片式传感器原理,其型号根据传感器的形状而定。传感器的弹性体形状及大小根据测量环境和量程而定,可根据不同的应用环境及量程需要设计不同的形状及大小。常见的 S 型传感器如图 3-16 所示。

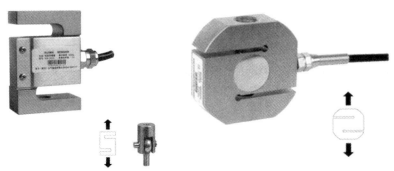

(a)RM-S1型荷重传感器　　　　(b)RM-S2型荷重传感器

图 3-16　荷重传感器

3.6.3　荷重传感器的材料选择

传感器的设计主要包括弹性元件的设计和处理电路的设计。弹性敏感元件在传感器技术中占有极为重要的地位。在传感器工作过程中,一般是由弹性敏感元件首先把各种形式的非电物理量变换成应变量或位移量等,然后配合各种形式的转换元件,把非电量转换成电量。所以在传感器中弹性元件是应用最广泛的元件。

在设计传感器之前,首先应选择好弹性元件材料。弹性元件材料需满足以下要求:

(1)强度高,弹性极限高;

(2)具有高的冲击韧性和疲劳极限;

(3)弹性模量温度系数小而稳定;

(4)热处理后应有均匀稳定的组织,且各向同性;

(5)热膨胀系数小;

(6)具有良好的机械加工和热处理性能;

(7)具有强的抗氧化、抗腐蚀性能;

(8)弹性滞后应尽量小。

常用材料:结构钢、铝合金、钛合金等。材料的弹性模量、泊松比、密度和热膨胀系数如表 3-2 所示。

表 3-2　常用材料的特性参数

材料	弹性模量 E(GPa)	泊松比	密度/(kg·m^{-3})	热膨胀系数
结构钢	190~210	0.27~0.30	7850	12
铝合金	70~79	0.33	2600~2800	23
钛合金	100~120	0.33	4500	8.1~11

经过比较知结构钢的弹性模量最大,热膨胀系数最小,适合用于制作负重大的传感器。企业选用结构钢。

电阻应变计简称应变计(亦称为电阻应变片或简称应变片)。它由四个部分组成。第一是电阻丝(敏感栅),它是应变计的转换元件。第二是基底和面胶(或覆盖层)。基底是将长弹性体表面的应变传递到电阻丝栅上的中间介质,并在电阻丝与弹性体之间起绝缘作用;面胶起着保护电阻丝的作用。第三是黏合剂,它将电阻丝与基底粘贴在一起。第四是引出线,它作为连结测量导线之用。

应变计敏感栅合金材料的选择对制作应变计性能的好坏起着决定性的作用,因此对制作应变计所用的应变电阻合金的要求如 3.2 节所阐述。

目前国内还没有一种金属材料能满足上述全部要求,因此在选用时,只能给予综合考虑,常用的有康铜、镍铬、卡玛合金、镍铬硅锰等合金。

基底用于保持敏感栅、引线的几何形状和相对位置。盖片既可保持敏感栅和引线的形状和相对位置,还可保护敏感栅。基底的全长称为基底长,其宽度称为基底宽。基底材料有纸基和胶基。胶基由环氧树脂、酚醛树脂和聚酰亚胺等制成胶膜,厚度 0.03~0.05 mm。引线材料是从应变片的敏感栅中引出的细金属线。对引线材料的性能要求是:电阻率低,电阻温度系数小,抗氧化性能好,易于焊接。大多数敏感栅材料都可制作引线。黏合剂材料用于将敏感栅固定于基底上,并将盖片与基底粘贴在一起。使用金属应变片时,也需用黏结剂将应变片基底粘贴在构件表面某个方向和位置上,以便将构件受力后的表面应变传递给应变计的基底和敏感栅。常用的黏结剂分为有机和无机两大类。有机黏结剂用于低温、常温和中温。常用的有聚丙烯酸酯、酚醛树脂、有机硅树脂、聚酰亚胺等。无机黏结剂用于高温,常用的有磷酸盐、硅酸盐、硼酸盐等。

3.6.4　弹性体结构设计

一般而言,普通机械零件和构件只需要满足在安全系数条件下的刚度和强度的要求,而对在受力情况下的应力分布情况并不严格要求。但对于应变式荷重传感器弹性体来说,除了需要满足在安全系数下的刚度和强度要求,还必须保证弹性体上粘贴电阻应变片(贴片)部位的应力(应变)与弹性体承受的载荷保持严格的对应关系。同时,为了提高应变式荷重传感器的灵敏度,还需要使贴片位置具有较高的应力(应变)水平。所以在应变式荷重传感器弹性体的设计过程中,必须满足以下两个要求:

(1)贴片部位的应力(应变)应与被测力保持严格的对应关系;

(2)贴片部位应具有较高的应力(应变)水平。

根据测量环境选择 RM-S1 型传感器,利用画图软件画出弹性体结构,再利用有限元软件分析不同载荷下弹性的应力分布,根据应力分布情况确定应变片在弹性体上粘贴的位置。如图 3-17(a)所示,设弹性体长 76 mm、宽 51 mm、高 25.4 mm。S 型应变片式荷重传感器弹性体的三维结构模型如图 3-17(b)所示。

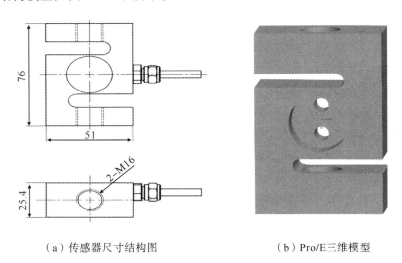

（a）传感器尺寸结构图　　　　　　（b）Pro/E三维模型

图 3-17　Pro/E 三维模型

通过预加载、加载、应力分析,最终选定应力最大区域为应变片贴片位置。

3.6.5　测量电路

一般应变式传感器用的电桥为全桥电路。由于传感器输出的信号是微弱信号,故需要对其进行放大处理;由于传感器输出的信号里混有干扰信号,故需要对其进行检波滤波;由于传感器输出的信号通常都伴随着很大的共模电压(包括干扰电压),故需要设计共模抑制电路。除此之外,还要设计调零电路。

在实际测量中,作用力不可能正好通过柱体的中心轴线,所以这样的柱体弹性元件除了受到拉(压)外,还受到横向力和弯矩。当测量环境温度上升时,应变片产生温度误差,所以要进行电路的零点补偿、温度补偿及线性补偿等。这些均通过测量电路来实现,具体补偿方法根据情况而定。传感器封装前均需线性补偿、温度补偿、零点补偿,还需要进行各个关键参数的测定等。

思 考 题

3-1 什么叫应变效应?利用应变效应解释金属电阻应变片的工作原理。

3-2 试述应变片温度误差的概念、产生原因和补偿办法。

3-3 什么是直流电桥?若按桥臂工作方式不同,可分为哪几种?各自的输出电压如何计算?

3-4 拟在等截面的悬臂梁上粘贴四个完全相同的电阻应变片组成差动全桥电路。

(1)四个应变片应怎样粘贴在悬臂梁上?

(2)画出相应的电桥电路图。

3-5 一应变片的电阻 $R_0 = 120\ \Omega$,$K = 2.05$,用作应变为 $800\ \mu\mathrm{m/m}$ 的传感元件。

(1)求 ΔR 与 $\Delta R / R$;

(2)若电源电压 $E = 3\ \mathrm{V}$,求其惠斯通测量电桥的非平衡输出电压 U_0。

3-6 如果将 $120\ \Omega$ 的应变片贴在柱形弹性试件上,该试件的截面积 $S = 0.5 \times 10^{-4}\ \mathrm{m^2}$,材料弹性模量 $E = 2 \times 10^{11}\ \mathrm{N/m^2}$。若由 $5 \times 10^4\ \mathrm{N}$ 的拉力引起应变片电阻变化了 $1.2\ \Omega$,求该应变片的灵敏系数 K。

3-7 以阻值 $R = 120\ \Omega$、灵敏系数 $K = 2.0$ 的电阻应变片与阻值 $120\ \Omega$ 的固定电阻组成电桥,供桥电压为 $3\ \mathrm{V}$,并假定负载电阻为无穷大,当应变片的应变为 $2\ \mu\varepsilon$ 和 $2000\ \mu\varepsilon$ 时,分别求出单臂、双臂差动电桥的输出电压,并比较两种情况下的灵敏度。

3-8 在材料为钢的实心圆柱试件上,沿轴线和圆周方向各贴一片电阻为 $120\ \Omega$ 的金属应变片 R_1 和 R_2,把这两应变片接成差动电桥。若钢的泊松比 $\mu = 0.285$,应变片的灵敏系数 $K = 2$,电桥的电源电压 $E = 2\ \mathrm{V}$,当试件受轴向拉伸时,测得应变片 R_1 的电阻变化值 $\Delta R = 0.48\ \Omega$,试求电桥的输出电压 U;若柱体直径 $d = 10\ \mathrm{mm}$,材料的弹性模量 $E = 2 \times 10^{11}\ \mathrm{N/m^2}$,求其所受拉力大小。

3-9 某 $120\ \Omega$ 电阻应变片的额定功耗为 $40\ \mathrm{mW}$,如接入等臂直流电桥中,确定所用的激励电压。

第4章 电感式传感器

电感式传感器是利用电磁线圈自感或互感的变化实现测量的一种传感器。其感应原理是:将被测非电量,如位移、压力、流量、振动等转换成线圈自感系数 L 或互感系数 M 的变化,再由测量电路转换为电压或电流的变化量输出。

电感式传感器具有结构简单可靠、抗干扰能力强、测量精度高、稳定性好、对工作环境要求不高、寿命长、分辨率较高(长度测量的分辨率可达 $0.1~\mu m$)、输出功率较大等一系列优点。其主要缺点是:传感器自身频率响应低,不适用于快速动态测量,分辨率和示值误差与示值范围有关(示值范围大时,分辨率和示值精度相应降低)等。电感式传感器能实现信息的远距离传输、记录、显示和控制,在工业自动控制系统中被广泛采用。

电感式传感器种类很多,将被测量的变化转换为电感线圈自感 L 变化的传感器通常称为自感式电感传感器,将被测量的变化转换为互感系数 M 变化的传感器常做成差动变压器式传感器,利用电涡流原理,将被测量转化为电涡流的传感器叫作电涡流式传感器等。

4.1 自感式电感传感器

4.1.1 工作原理

如图 4-1 所示为自感式电感传感器工作原理图。它是利用线圈自感量的变化来实现测量的传感器,由线圈、铁心和衔铁三部分组成。铁心和衔铁由导磁材料如硅钢片或坡莫合金制成,在铁心和衔铁之间有气隙,气隙厚度为 d,传感器的运动部分与衔铁相连。当被测量变化时,衔铁产生位移,引起磁路中磁阻变化,从而导致电感线圈的电感量变化。

因此只要能测出这种电感量的变化,就能确定衔铁位移量的大小和方向。这种传感器又称为变磁阻式传感器。

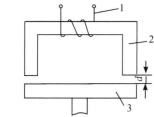

1—线圈;2—铁心(定铁心);3—衔铁(动铁心)

图 4-1 自感式电感传感器结构原理图

根据电感的定义,线圈中的电感量可由下式确定:

$$L = \frac{\psi}{I} = \frac{W\Phi}{I} \tag{4-1}$$

式中:ψ——线圈总磁链;

I——通过线圈的电流;

W——线圈的匝数；

$\varPhi$——穿过线圈的磁通。

由磁路欧姆定律,得：

$$\varPhi = \frac{IW}{R_M} \qquad (4\text{-}2)$$

式中,R_M 为磁路总电阻。

对于变隙式传感器,因为气隙很小,所以可以认为气隙中的磁场是均匀的。若忽略磁路磁损,则磁路总磁阻为：

$$R_M = \frac{l_1}{\mu_1 A_1} + \frac{l_2}{\mu_2 A_2} + \frac{2\delta}{\mu_0 A_0} \qquad (4\text{-}3)$$

式中：μ_1——铁心材料的导磁率；

μ_2——衔铁材料的导磁率；

l_1——磁通通过铁心的长度；

l_2——磁通通过衔铁的长度；

A_1——铁心的截面积；

A_2——衔铁的截面积；

μ_0——空气的导磁率；

A_0——气隙的截面积；

δ——气隙的厚度。

通常气隙磁阻远大于铁心和衔铁的磁阻,即

$$\frac{2\delta}{\mu_0 A_0} \gg \frac{l_1}{\mu_1 A_1}$$
$$\frac{2\delta}{\mu_0 A_0} \gg \frac{l_2}{\mu_2 A_2} \qquad (4\text{-}4)$$

因而式(4-3)可写为

$$R_M \approx \frac{2\delta}{\mu_0 A_0} \qquad (4\text{-}5)$$

联立式(4-1)、式(4-2)及式(4-5),可得

$$L = \frac{W^2}{R_M} = \frac{W^2 \mu_0 A_0}{2\delta} \qquad (4\text{-}6)$$

由式(4-6)可知,当线圈匝数为常数时,电感 L 是气隙厚度 δ 和气隙截面积 A_0 的函数,即 $L = f(\delta, A_0)$。如果气隙截面积 A_0 保持不变,改变气隙厚度 δ,则电感 L 是气隙厚度 δ 的单值函数,这样就构成变气隙式电感传感器；如果气隙厚度 δ 不变,改变气隙面积 A_0,则电感 L 是气隙面积 A_0 的单值函数,这样就构成变面积式电感传感器。

4.1.2　类型及特性

自感式传感器有变气隙式电感传感器、变面积式电感传感器和螺线管式电感传感器之分。

1. 变气隙式电感传感器

变气隙式电感传感器的结构示意如图 4-2 所示。

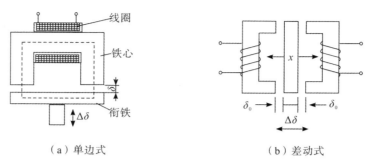

（a）单边式　　　　　　　　（b）差动式

图 4-2　变气隙式电感传感器结构示意

图 4-2(a)为单边变气隙式电感传感器。设电感传感器初始气隙为上图为 δ_0,初始的电感值为 L_0,则有:

$$L_0 = \frac{W^2 \mu_0 A_0}{2\delta_0} \tag{4-7}$$

图 4-2(a)中衔铁上下移动时,引起气隙的变化量为 $\Delta\delta$。衔铁上移 $\Delta\delta$ 时,即 $\delta = \delta_0 - \Delta\delta$,此时输出电感 $L = L_0 + \Delta L$,代入式(4-6)并整理得

$$L = L_0 + \Delta L = \frac{W^2 \mu_0 A_0}{2\delta_0} = \frac{L_0}{1 - \dfrac{\Delta\delta}{\delta_0}} \tag{4-8}$$

当 $\Delta\delta \ll \delta_0$ 时。可将上式用泰勒级数展开成如下形式:

$$L = L_0 + \Delta L = L_0 \left[1 + \frac{\Delta\delta}{\delta_0} + \left(\frac{\Delta\delta}{\delta_0}\right)^2 + \left(\frac{\Delta\delta}{\delta_0}\right)^3 + \cdots \right] \tag{4-9}$$

由上式可求得电感增量 ΔL 和相对增量 $\Delta L / L_0$,即

$$\Delta L = L_0 \frac{\Delta\delta}{\delta_0} \left[1 + \frac{\Delta\delta}{\delta_0} + \left(\frac{\Delta\delta}{\delta_0}\right)^2 + \left(\frac{\Delta\delta}{\delta_0}\right)^3 + \cdots \right] \tag{4-10}$$

$$\frac{\Delta L}{L_0} = \frac{\Delta\delta}{\delta_0} \left[1 + \frac{\Delta\delta}{\delta_0} + \left(\frac{\Delta\delta}{\delta_0}\right)^2 + \cdots \right] \tag{4-11}$$

同理,当衔铁随被测体的初始位置向下移动 $\Delta\delta$ 时,有

$$\Delta L = L_0 \frac{\Delta\delta}{\delta_0} \left[1 - \frac{\Delta\delta}{\delta_0} + \left(\frac{\Delta\delta}{\delta_0}\right)^2 - \left(\frac{\Delta\delta}{\delta_0}\right)^3 + \cdots \right] \tag{4-12}$$

$$\frac{\Delta L}{L_0} = \frac{\Delta\delta}{\delta_0} \left[1 - \frac{\Delta\delta}{\delta_0} + \left(\frac{\Delta\delta}{\delta_0}\right)^2 - \left(\frac{\Delta\delta}{\delta_0}\right)^3 + \cdots \right] \tag{4-13}$$

对式(4-11)、(4-13)做线性处理,即忽略高次项后,可得:

$$\frac{\Delta L}{L_0} = \frac{\Delta\delta}{\delta_0} \tag{4-14}$$

灵敏度为:

$$K_0 = \frac{\dfrac{\Delta L}{L_0}}{\Delta\delta} = \frac{1}{\delta_0} \tag{4-15}$$

由式(4-11)和式(4-13)可见,线圈电感 L 与气隙厚度 δ 的关系为非线性,并且随气隙变化量 $\Delta\delta$ 的增加而增大,只有当 $\Delta\delta$ 很小时,忽略高次项才能得近似的线性关系。图 4-3 所示

为电感 L 与气隙厚度 δ 的特性曲线。单边变气隙式电感传感器的测量范围与线性度及灵敏度相矛盾。为了减小非线性误差,实际测量中广泛采用差动变气隙式电感传感器。

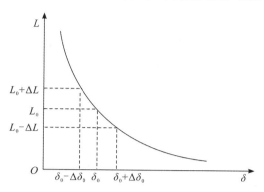

图 4-3　变气隙式电感传感器的 $L\text{-}\delta$ 特性

图 4-2(b)所示为差动变气隙式电感传感器原理结构图。差动变气隙式传感器要求上下两铁心与线圈的几何尺寸及电气参数完全对称,当衔铁偏离对称位置移动时,一边气隙增大,线圈的电感减小,另一边气隙减小,线圈的电感增大,从而形成差动形式。差动变气隙式电感传感器与单边变气隙式电感传感器相比较,非线性大大减小,灵敏度也提高了。

2. 变面积式电感传感器

变面积式电感传感器结构示意如图 4-4 所示。单边式结构在起始状态时,铁心与衔铁在气隙处正对着,其截面积为 $A_0 = ab$。当衔铁随被测量上下移动时,如移动量为 x,则线圈电感 L 为:

$$L = \frac{W^2 \mu_0 b}{2\delta}(a - x) \tag{4-16}$$

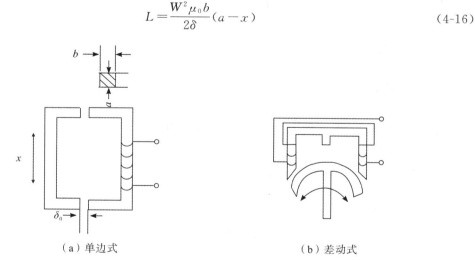

（a）单边式　　　　　　　　　　　　（b）差动式

图 4-4　变面积式电感传感器结构示意

可见,线圈电感 L 与气隙面积 A(或 x)呈线性关系。正确选择线圈匝数、铁心尺寸,可有效提高灵敏度,如能采用差动式结构则更好。

3. 螺线管式电感传感器

螺线管式电感传感器分为单线圈式和差动式两种结构形式,如图 4-5 所示。它由螺线管形线圈、柱形铁心和磁性套管组成,磁性套管构成线圈的外部磁路,并作为传感器的磁屏蔽。衔铁插入深度不同将引起线圈泄漏路径中磁阻的变化,从而使线圈的电感发生变化。在实际应用中,该类传感器通常也采用差动结构,即将两个结构相同的自线圈组合在一起,形成差动形式,以提高灵敏度和降低非线性程度。

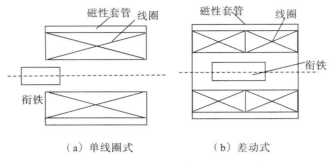

（a）单线圈式　　　　　（b）差动式

图 4-5　螺线管式电感传感器结构示意

与前两种电感传感器相比较,变气隙式灵敏度最高,螺线管式灵敏度最低。变气隙式非线性严重,为了减小非线性,示值范围较小,它的自由行程受铁心限制,制造装配困难。变面积式和螺线管式的优点是具有较好的线性,因而示值范围可取大些,自由行程不受限,制造装配也较方便,此外,螺线管式批量生产中的互换性好。由于螺线管式具备上述优点,灵敏度低的问题可在放大电路方面加以解决,因此螺线管式电传感器的应用越来越广泛。

4.1.3　测量电路

自感式电感传感器的测量电路有交流电桥式和谐振式等。

1. 自感式电感传感器的等效电路

从电路角度看,自感式电感传感器的线圈并非纯电感,它既有线圈的线绕电阻的铜耗,又有铁心的涡流及磁滞损耗,这些都可折合成有功电阻,其总电阻可用 R_0 来表示。无功分量包括:线圈的自感 L,绕线间分布电容(为简便起,这部分电容可视为集中参数,用 C 来表示)。于是可得到自感式电感传感器的等效电路如图 4-6 所示。

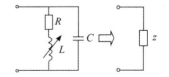

图 4-6　自感式电感传感器的等效电路

图 4-6 中,L 为线圈的自感,R 为折合有功电阻的总电阻,C 为并联寄生电容。其等效线圈阻抗为

$$Z = \frac{(R+\mathrm{j}wL)\left(\dfrac{-\mathrm{j}}{wC}\right)}{R+\mathrm{j}wL-\dfrac{\mathrm{j}}{wC}} \tag{4-17}$$

将上式有理化并应用品质因数 $Q=\omega L/R$,可得

$$Z = \frac{R}{(1-\omega^2 LC)^2+\left(\dfrac{\omega^2 LC}{Q}\right)^2} + \frac{\mathrm{j}\omega L\left(1-\omega^2 LC-\dfrac{\omega^2 LC}{Q^2}\right)}{(1-\omega^2 LC)^2+\left(\dfrac{\omega^2 LC}{Q}\right)^2} \tag{4-18}$$

当 $Q \gg \omega^2 LC$ 且 $\omega^2 LC \ll 1$ 时,上式可近似为

$$Z = \frac{R}{(1-\omega^2 LC)^2} + j\omega \frac{L}{(1-\omega 2LC)^2} \tag{4-19}$$

令

$$R' = \frac{R}{(1-\omega^2 LC)^2}, \quad L' = \frac{L}{(1-\omega^2 LC)^2}$$

则

$$Z = R' + j\omega L' \tag{4-20}$$

品质因数 $Q' = \dfrac{\omega L'}{R'} = (1-\omega^2 LC)Q$ 则减小了。

从以上分析可以看出,并联电容的存在使有效串联损耗电阻及有效电感增加,而有效 Q 值减小,在有效阻抗不大的情况下,它会使灵敏度有所提高,从而引起传感器性能的变化。因此在测量中若更换连接电缆线的长度,在激励频率较高时应对传感器的灵敏度重新校准。

2. 交流电桥式测量电路

交流电桥式测量电路常和差动式电感传感器配合使用,常用形式有交流电桥和变压器式交流电桥两种。

图 4-7 所示为交流电桥测量电路,桥臂可以是电阻、电抗或阻抗元件。当空载时,其输出称为开路输出电压。传感器的两线圈作为电桥的两相邻桥臂 Z_1 和 Z_2,另外两个相邻桥臂为纯电阻 R。设 Z 是衔铁在中间位置单个线圈的复阻抗,ΔZ_1、ΔZ_2 分别是衔铁偏离中心位置时两线圈阻抗变化量,则 $Z_1 = Z + \Delta Z$,$Z_2 = Z - \Delta Z$。对于高品质因数 Q 的电感式传感器,线圈的电感远远大于线圈的有功电阻,即 $\omega L \gg R$,则有 $\Delta Z_1 + \Delta Z_2 \approx j\omega(\Delta L_1 + \Delta L_2)$,电桥输出电压为

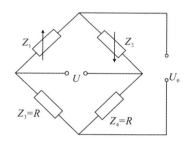

图 4-7　交流电桥测量电路

$$U_o = \frac{Z_1 - Z_2}{2(Z_1 + Z_2)}U = \frac{\Delta Z_1 + \Delta Z_2}{2(Z_1 + Z_2)}U \propto (\Delta L_1 + \Delta L_2) \tag{4-21}$$

在图 4-2(b)所示的差动变气隙式电感传感器结构示意图中,当衔铁往上移动时两个线圈的电感变化量 ΔL_1、ΔL_2 分别由式(4-10)及式(4-12)表示,设 $\Delta L = \Delta L_1 + \Delta L_2$,则

$$\Delta L = \Delta L_1 + \Delta L_2 = 2L_0 \frac{\Delta \delta}{\delta_0}\left[1 + \left(\frac{\Delta \delta}{\delta_0}\right)^2 + \left(\frac{\Delta \delta}{\delta_0}\right)^4 + \cdots\right] \tag{4-22}$$

对上式进行线性处理,即忽略高次项得

$$\frac{\Delta L}{L_0} = \frac{2\Delta \delta}{\delta_0} \tag{4-23}$$

灵敏度 K_0 为

$$K_0 = \frac{\Delta L / L_0}{\Delta \delta} = \frac{2}{\delta_0} \tag{4-24}$$

比较式(4-15)与式(4-24),即比较单边式和差动式两种变气隙式电感传感器的灵敏度特性,可以得到如下结论:

(1)差动变气隙式电感传感器的灵敏度是单边式的 2 倍。

(2)差动变气隙式电感传感器的非线性项由式(4-22)可得为 $2\left(\dfrac{\Delta \delta}{\delta_0}\right)^3$(忽略高次项)。单

边式电感传感器的非线性项由式(4-11)或式(4-13)可得为 $\left(\dfrac{\Delta\delta}{\delta_0}\right)^2$(忽略高次项)。由于 $\dfrac{\Delta\delta}{\delta_0}\ll 1$,因此,差动式的线性度得到明显改善。$\Delta L = 2L_0\,\dfrac{\Delta\delta}{\delta_0}$ 代入式(4-21)得 $U_o \propto 2L_0\,\dfrac{\Delta\delta}{\delta_0}$,电桥输出电压与 $\Delta\delta$ 成正比关系。

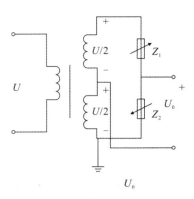

图 4-8　变压器式交流电桥

图 4-8 所示电路为变压器式交流电桥测量电路。电桥两臂 Z_1、Z_2 分别为传感器两线圈的阻抗,另外两桥臂分别为电源变压器的两次级线圈,其阻抗为次级线圈总阻抗的一半,当负载阻抗为无穷大时,桥路输出电压为

$$U_o = \left(\frac{Z_1}{Z_1+Z_2} - \frac{1}{2}\right)U = \frac{\Delta Z}{Z_1+Z_2}\cdot\frac{U}{2} \qquad (4\text{-}25)$$

测量时被测件与传感器衔铁相连,当传感器的衔铁处于中间位置,有 $U_o = 0$,电桥平衡,当传感器衔铁上移时,有 $Z_1 = Z + \Delta Z$,$Z_2 = Z - \Delta Z$,此时

$$U_o = -\frac{\Delta Z}{Z}\cdot\frac{U}{2} = -\frac{\Delta L}{L}\cdot\frac{U}{2} \qquad (4\text{-}26)$$

当传感器衔铁下移时,有 $Z_1 = Z - \Delta Z$,$Z_2 = Z + \Delta Z$,此时

$$U_o = -\frac{\Delta Z}{Z}\cdot\frac{U}{2} = \frac{\Delta L}{L}\cdot\frac{U}{2} \qquad (4\text{-}27)$$

由以上分析可知,这两种交流电桥输出的空载电压相同,且当衔铁上、下移动相同距离时,电桥输出电压大小相等而相位相反。由于 U 是交流电压,输出指示无法判断位移方向,因此必须配合相敏检波电路来解决。

3. 谐振式测量电路

谐振式测量电路有谐振式调幅电路(如图 4-9 所示)和谐振式调频电路(如图 4-10 所示)。在调幅电路中,传感器电感 L 与电容 C、变压器原边串联在一起,接入交流电源变压器副边将有电压 U_0 输出,输出电压的频率与电源频率相同,而幅值随着电感 L 而变化,图 4-9(b)为输出电压 U_o 与电感 L 的关系曲线,其中 L_0 为谐振点的电感值,此电路灵敏度很高,但线性差,适用于线性度要求不高的场合。

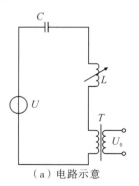
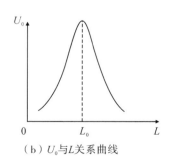

（a）电路示意　　　　　　　　（b）U_0 与 L 关系曲线

图 4-9　谐振式调幅电路

调频电路的基本原理是:传感器电感 L 的变化会引起输出电压频率的变化。通常传感器电感 L 和电容 C 接入一个振荡回路中,其振荡频率 $f = 1/(2\pi\sqrt{LC})$。当 L 变化时,振荡

频率随之变化,根据 f 的大小即可测出被测量的值。图 4-10(b)表示 f 与 L 的关系曲线,它具有显著的非线性关系,要求后续电路做适当的处理。

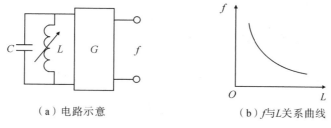

（a）电路示意　　　　　　（b）f与L关系曲线

图 4-10　谐振式调频电路

4.1.4　零点残余电压

在前面讨论桥路输出电压时已得出结论:当两线圈的阻抗相等,即 $Z_1 = Z_2$ 时,电桥平衡,输出电压为零。由于传感器阻抗是一个复阻抗,为了达到电桥平衡,就要求两线圈的电阻 R 相等,两线圈的电感 L 也要相等。实际上这种情况是不能精确达到的,也就是说不易达到电桥的绝对平衡。因而在传感器输入量为零时,电桥有一个不平衡输出电压。图 4-11 给出了桥路输出电压与活动衔铁位移的关系曲线,图中虚线为理论特性曲线,实线为实际特性曲线。我们把传感器在零位移时的输出电压称为零点残余电压,记作 E_0。产生零点残余电压的原因大致有如下两方面:

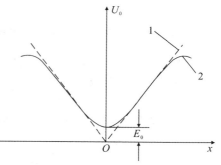

图 4-11　零点残余电压波形

(1)由于两电感线圈的电气参数及导磁体几何尺寸不完全对称,因此在两电感线圈上的电压幅值和相位不同,从而形成了零点残余电压的基波分量。

(2)传感器导磁材料磁化曲线的非线性(如铁磁饱和、磁滞损耗)使得激励电流与磁通波形不一致,从而形成了零点残余电压的高次谐波分量。

零点残余电压的存在,使得传感器输出特性在零点附近不灵敏,限制了分辨率的提高。零点残余电压太大将使线性变差、灵敏度下降,甚至会使放大器饱和,堵塞有用信号,致使仪器不再反映被测量的变化。在仪器的放大倍数较大时,这一点尤其应该注意。因此零点残余电压的大小是判断传感器质量的重要指标之一。在制造传感器时,要规定其零点残余误差不得超过一定值。

为减小电感式传感器的零点残余电压,可采取以下措施:

(1)在设计和工艺上,力求做到磁路对称,铁心材料均匀;要求过热处理以除去机械应力和改善磁性;两线圈绕制要均匀,力求几何尺寸与电气特性保持一致。

(2)在电路上进行补偿。这是一种既简单又行之有效的办法。

4.1.5　自感式传感器的应用

自感式电感传感器一般用于接触测量,可用于静态和动态测量。测量的基本量是位移,也可以用于振动、压力、荷重、流量、液位等参数测量。

图 4-12 是变气隙式电感式压力传感器的结构图。它由膜盒、铁心、衔铁及线圈等组成，衔铁与膜盒的上端连在一起。

当压力进入膜盒时，膜盒的顶端在压力 P 的作用下产生与压力 P 大小成正比的位移，于是衔铁也发生移动，从而使气隙发生变化，流过线圈的电流也发生相应的变化，电流表 A 的指示值就反映了被测压力的大小。

图 4-13 为变气隙式差动电感压力传感器。它主要由 C 形弹簧、衔铁、铁心和线圈组成。

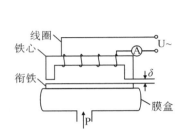

图 4-12 测气压的变气隙式电感式传感器

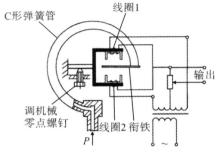

图 4-13 变气隙式差动电感压力

当被测压力进入 C 形弹簧管时，C 形弹簧管产生变形，其自由端发生位移，带动与自由端连接成一体的衔铁运动，使线圈 1 和线圈 2 中电感发生大小相等、符号相反的变化，即一个电感量增大，一个电感量减小。电感的这种变化通过电桥电路转换成电压输出，所以只要用检测仪表检测输出电压，即可得知被测压力的大小。

4.2 差动变压器式传感器

变压器式传感器是把被测量的变化转换为线圈间互感 M 变化的一种磁电机构，其工作原理与变压器相似。差动变压器本身是一个变压器，初级线圈输入交流电压，在次级线圈中产生感应电压，两个次级线圈接成差动的形式，就成为差动变压器。如果将变压器的结构加以改造，铁心做成可以活动的，将被测量的变化转换为铁心的位移，就构成了差动变压器式传感器。

差动变压器式传感器结构形式较多，但其工作原理基本一样。下面仅介绍气隙型差动变压器式传感器。

4.2.1 工作原理

气隙型差动变压器式传感器的结构如图 4-14 所示。其中 A、B 为二个"山"字形铁心，在其窗中各绕有两个线圈，W_{1a} 与 W_{1b} 为一次绕组，W_{2a} 与 W_{2b} 为二次绕组，C 为衔铁。在没有非电量输入时，衔铁 C 与铁心 A、B 的间隔相同，即 $\delta_{a0} = \delta_{b0}$，两对绕组之间的互感 M_a、M_b 相等。当衔铁向上或向下移动时，两组线圈的互感系数不等，此互感的差值即可反映被测量的大小。其中，两个一次绕组的同名端顺向串联，并施加交流电压 U，而两个次级线圈同名端反向串联，构成差动结构，串联后的合成电动势为：

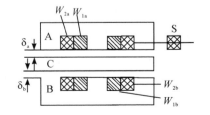

图 4-14 气隙型差动变压器式传感器结构示意

$$E_2 = E_{2a} - E_{2b} \tag{4-28}$$

式(4-28)中：E_{2a} 为二次绕组 W_{2a} 的互感电动势，E_{2b} 为二次绕组 W_{2b} 的互感电动势。E_2 值的大小取决于被测位移的大小，方向取决于位移的方向。

改变气隙有效截面积型差动变压器式传感器如图 4-15 所示。"山"字形铁心上绕有三个绕组，W_1 为一次绕组，W_{2a} 与 W_{2b} 为两个二次绕组，衔铁 B 以 O 为轴摆动时，即输入非电量为角位移 $\Delta\alpha$，它的摆动改变了铁心与衔铁间磁路上的垂直有效截面积 S，也就改变了线组间的互感，使其中一个增大，另一个减小，因此两个二次绕组中的感应电动势也随之改变。将绕组 W_{2a} 与 W_{2b} 反向串联并测量 E_2，就可以判断输出非电量的大小及方向。

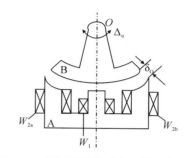

图 4-15　截面积型差动变压器式传感器

4.2.2　基本特性

差动变压器等效电路如图 4-16 所示，当次级开路时有

$$I_1 = \frac{\dot{U}_1}{r_1 + j\omega L_1}$$

式中：$\dot{U}_1$——初级线圈激励电压；

　　　ω——激励电压的角频率；

　　　I——初级线圈激励电流；

　　　r、L——初级线圈直流电阻、电感。

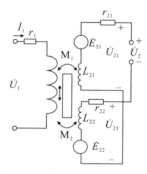

图 4-16　差动变压器等效电路

根据电磁感应定律，次级绕组中感应电动势的表达式分别为

$$\dot{E}_{21} = -j\omega M_1 \dot{I}_1 \tag{4-29}$$

$$\dot{E}_{22} = -j\omega M_2 \dot{I}_1 \tag{4-30}$$

式中，M_1、M_2 为初级绕组和两次级绕组的互感。

由于次级绕组反向串联，且考虑到次级绕组开路，则由以上关系可得

$$\dot{U}_2 = \dot{E}_{21} - \dot{E}_{22} = \frac{-j\omega(M_1 - M_2)\dot{U}_1}{r_1 + j\omega L_1} \tag{4-31}$$

输出电压有效值为

$$U_2 = \frac{\omega(M_1 - M_2)U_1}{\sqrt{r_1^2 + (\omega L_1)^2}} \tag{4-32}$$

上式说明，当几次电压的增幅 $\dot{U}_1$ 和角频率 ω、初级绕组的直流电阻 r 及电感 L_1 为定值时，差动变压器输出电压仅仅是初级绕组与两个次级绕组之间互感之差的函数。因此，只要求出互感 M_1 和 M_2 对活动衔铁位移 x 的关系式，再代入式(4-30)即可得到螺线管式差动变压器的基本特性表达式。对此，下面分三种情况进行分析：

(1)当活动衔铁处于中间位置时，$M_1 = M_2 = M$，故

$$\dot{U}_{21} = 0$$

（2）当活动衔铁向上移动时，$M_1 = M + \Delta M$，$M_2 = M - \Delta M$，故

$$U_2 = -\frac{2\omega \Delta M U_1}{\sqrt{r_1^2 + (\omega L_1)^2}} \qquad (4\text{-}33)$$

与 $\dot{U}_{21}$ 同极性。

（3）当活动衔铁向下移动时，$M_1 = M - \Delta M$，$M_2 = M + \Delta M$，故

$$U_2 = -\frac{2\omega \Delta M U_1}{\sqrt{r_1^2 + (\omega L_1)^2}} \qquad (4\text{-}34)$$

与 $\dot{U}_{22}$ 同极性。

4.2.3 测量电路

差动变压器式传感器的输出是交流电压，若用交流电压表测量，只能反映衔铁位移的大小，不能反映移动的方向。另外，其测量值中将包含零点残余电压。为了达到能辨别移动方向和消除残余电压的目的，实际测量时常常采用差动整流电路和相敏检波电路。

差动整流电路是常用的电路形式，是把差动变压器的两个次级输出电压分别整流，然后将整流的电压或电流串成通路后的差值作为输出。图 4-17 给出了几种典型电路形式，其中图（a）、（b）适用于交流阻抗负载，是电压输出型；图（c）、（d）适用于低阻抗负载，是电流输出型；电阻 R_0 用于调整零点输出电压。

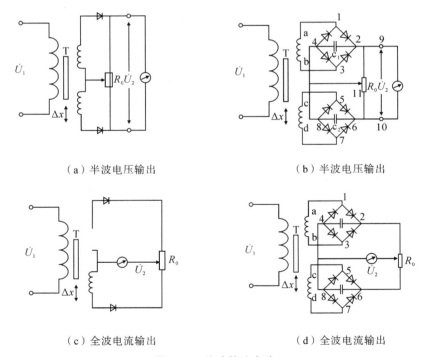

（a）半波电压输出 　　　　　　　（b）半波电压输出

（c）全波电流输出 　　　　　　　（d）全波电流输出

图 4-17　差动整流电路

下面结合图 4-17(b)全波电压输出，分析差动整流电路工作原理。

从图 4-17(b)电路结构可知，不论两个次级线圈的输出瞬时电压极性如何，流经电容 C_1

的电流方向总是从 2 到 4, 流经电容 C_2 的电流方向总是从 6 到 8, 故整流电路的输出电压为

$$\dot{U}_2 = \dot{U}_{24} - \dot{U}_{68} \tag{4-35}$$

当衔铁在零位时, 因为 $\dot{U}_{24} = \dot{U}_{68}$, 所以 $\dot{U}_2 = 0$; 当衔铁在零位以上时, 因为 $\dot{U}_{24} > \dot{U}_{68}$, 则 $\dot{U}_2 > 0$; 而当衔铁在零位以下时, 有 $\dot{U}_{24} < \dot{U}_{68}$, 则 $\dot{U}_2 < 0$。$\dot{U}_2$ 的正负表示衔铁位移的方向。

差动整流电路具有结构简单、不需要考虑相位调整和零点残余电压的影响、分布影响小和便于远距离传输等优点, 因而获得了广泛应用。在远距离传输中, 将此电路的整流部分放在差分变压器一端, 整流后的输出线延长, 可避免感应和引出线的分布电容的影响。

4.2.4　零点残余电压的补偿

与电感传感器相似, 差动变压器也存在零点残余电压问题。零点残余电压的存在使得传感器的特性曲线不通过原点, 并使实际特性不同于理想特性。

零点残余电压的存在使得传感器的输出特性在零点附近的范围内不灵敏, 限制了分辨力的提高。零点残余电压太大, 将使线性变差, 灵敏度下降, 甚至会使放大器饱和, 堵塞有用信号, 致使仪器不再反映被测量的变化。因此, 零点残余电压是评定传感器性能的主要指标之一, 对零点残余电压进行认真分析并找出减小的方法很重要。

采用对称性很高的磁路线圈来减小零点残余电压在设计和工艺上是有困难的, 也会提高成本。因此除在工艺上提出一定要求外, 可在电路上采取补偿措施。进行电路补偿是既简单又行之有效的方法。线路的形式很多, 一般都采取加串联电阻、加并联电阻、加并联电容、加反馈绕组或反馈电容等。图 4-18 是几个补偿零点残余电压的实例。

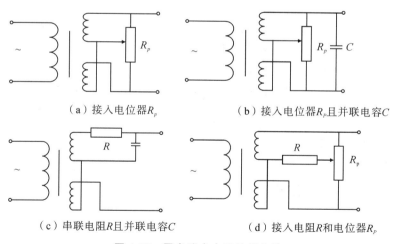

（a）接入电位器 R_p　　　　　（b）接入电位器 R_p 且并联电容 C

（c）串联电阻 R 且并联电容 C　　　　　（d）接入电阻 R 和电位器 R_p

图 4-18　零点残余电压补偿电路

图 4-18（a）中输出端接入电位器 R_P, 电位器的动点接二次侧线圈的公共点。调节电位器, 可使二次侧线圈输出电压的大小和相位发生变化, 从而使零点残余电压为最小值。R_P一般在 $10\ \mathrm{k\Omega}$ 左右。这种方法对基波正交分量有明显的补偿效果, 但对高次谐波无补偿作用。如果并联一个电容 C, 就可有效地补偿高次谐波分量, 如图 4-18（b）所示。电容 C的大小要适当, 常为 $0.1\ \mathrm{\mu F}$ 以下, 要通过实验确定。图 4-18（c）中串联电阻 R 调整二次侧线圈的电阻值不平衡, 并联电容 C 改变某一输出电动势的相位, 也达到良好的零点残余

电压补偿作用。图 4-18(d)中接入 R 减轻了二次侧线圈的负载,可避免外接负载不是纯电阻而引起的较大的零点残余电压。

4.2.5 应用举例

差动变压器式传感器与电感式传感器相似,有共同的特点,可以直接用于位移测量,也可以测量与位移有关的任何机械量,如振动、加速度、应变、比重、张力和厚度等。

差动变压器式传感器的基本量是位移。图 4-19 所示为差动变压器式位移传感器的原理结构示意图。

测头和测杆相连,衔铁固定在测杆上,线圈架上绕有 4 个绕组线圈,与引线电缆相连。线圈外面有密封套和固定磁筒,用于增加灵敏度和防止外磁场的干扰。测杆用圆形钢球做导轨,从测力弹簧获得恢复力。为了防止灰尘进入测杆,装有密封套。测杆与衔铁连接处安有防转销,用于稳固测杆。

差动变压器式加速度传感器示意图如图 4-20 所示,它由悬臂梁和差动变压器构成。测量时,将悬臂梁底座及差动变压器的线圈骨架固定,而将衔铁的 A 端与被测振动体相连,此时传感器作为加速度测量中的惯性元件,它的位移与被测加速度成正比,从而使速度测量转变为位移的测量。当被测体带动衔铁以 Δx 振动时,导致差动变压器

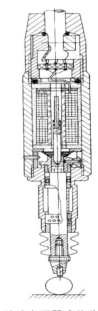

图 4-19　差动变压器式位移传感器示意图

的输电压也按相同规律变化。图 4-21 为利用差动变压器式传感器测量液位的原理图,图中浮子随着液位变化带动差动变压器衔铁上下移动,从而使差动变压器有相应的电压输出。

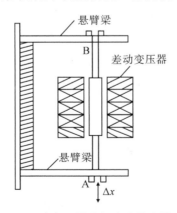

图 4-20　差动变压器式加速度传感器示意图

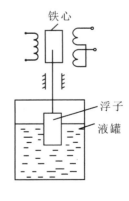

图 4-21　差动变压器式液位传感器示意

4.3　电涡流式传感器

根据法拉第电磁感应定律,块状金属导体置于变化的磁场中或在磁场中作切割磁力线运动时,导体内将产生呈旋涡状感应电流,称为电涡流,以上现象称为电涡流效应。根据电涡流效应制成的传感器称为电涡流式传感器。在金属导体内产生的涡流存在趋肤效应,即电涡流渗透的深度与传感器激磁电流的频率有关。根据电涡流在导体内的渗透情况,电涡流传感器可分为高频反射式和低频透射式两类,但从基本工作原理上来说,二者是相似的。

电涡流式传感器最大的特点是能对位移、厚度、表面温度、速度、应力、材料损伤等进行非接触式连续测量,另外还具有体积小、灵敏度高、频率响应宽等特点,应用极其广泛。

4.3.1　工作原理

电涡流式传感器的原理如图 4-22 所示,该图由传感器线圈和被测导体组成线圈-导体系统。当传感器线圈通以交变电流 $\dot{I}_1$ 时,由于电流的变化,在线圈周围产生的交变磁场 $\dot{H}_1$ 使置于此磁场中的被测导体产生感应电涡流 $\dot{I}_2$,电涡流 $\dot{I}_2$ 又产生新的交变磁场 $\dot{H}_2$, $\dot{H}_2$ 和 $\dot{H}_1$ 的方向相反,因而抵消部分原磁场,从而导致传感器线圈的电感量、阻抗和品质因数发生变化,即线圈的等效阻抗发生变化。这些变化与被测导体的电阻率 ρ、磁导率 μ 以及几何形状有关,也与线圈几何参

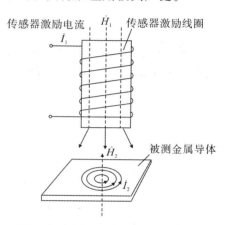

图 4-22　电涡流式传感器原理图

数、激磁电流频率 f 有关,还与线圈与被测导体间的距离 x 有关。因此可写为

$$Z = F(\rho, \mu, r, f, x) \tag{4-36}$$

式中,r 为线圈与被测导体的尺寸因子。

如果保持上式中其他参数不变,而只改变其中一个参数,传感器线圈阻抗 Z 就仅仅是这个参数的单值函数。通过与传感器配用的测量电路测出阻抗 Z 的变化量,即可实现对该参数的测量。

4.3.2　基本特性

电涡流传感器简化模型及简化电路如图 4-23 所示。模型中,把被测金属导体上形成的电涡流等效成一个短路环,即假设电涡流仅分布在环体之内,模型中 h(电涡流的贯穿深度)可由下式求得:

$$h = \sqrt{\frac{\rho}{\pi \mu_0 \mu_r f}} \tag{4-37}$$

式中,f 为线圈激磁电流的频率。

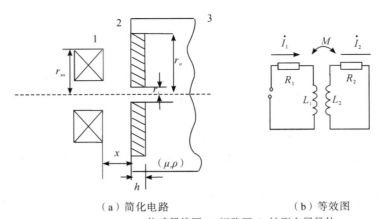

（a）简化电路　　　　　　　　　　（b）等效图

1-传感器线圈；2-短路环；3-被测金属导体

图 4-23　电涡流传感器简化电路及等效图

根据简化模型，可将金属导体形象地看作一个短路线圈，它与传感器线圈之间存在耦合关系。图 4-23 中 R_2 为电涡流短路环等效电阻，其表达式为

$$R_2 = \frac{2\pi\rho}{h \ln \dfrac{r_a}{r_i}} \tag{4-38}$$

根据基尔霍夫第二定律，可列出如下方程：

$$R_1 I_1 + j\omega L_1 I_2 - j\omega M I_2 = U_1 - j\omega M I_1 + R_2 I_2 + j\omega L_2 I_2 = 0 \tag{4-39}$$

其中：ω——线圈激磁电流角频率；

R、L——线圈电阻和电感；

L_2——短路环等效电感；

R_2——短路环等效电阻；

M——互感系数。

由式（4-39）解得线圈受电涡流影响后的等效阻抗 Z 的表达式为

$$Z = \frac{U_1}{I_1} R_1 + \frac{\omega^2 M^2}{R_2^2 + \omega^2 L_2^2} R^2 + j\omega \left(L_1 - \frac{\omega^2 M^2}{R_2^2 + \omega^2 L_2^2} L_2 \right) \tag{4-40}$$

$$Z = R_{eq} + j\omega L_{eq}$$

式中 R_{eq} 为线圈受电涡流影响后的等效电阻，且

$$R_{eq} = R_1 + \frac{\omega^2 M^2}{R_2^2 + \omega^2 L_2^2} R_2$$

L_{eq} 为线圈受电涡流影响后的等效电感，且

$$L_{eq} = L_1 - \frac{\omega^2 M^2}{R_2^2 + \omega^2 L_2^2} L_2$$

线圈的等效品质因数 Q 值为

$$Q = \frac{\omega L_{eq}}{R_{eq}} \tag{4-41}$$

综上所述，根据电涡流式传感器的简化模型和等效电路，运用电路分析的基本方法得到的式（4-40）和式（4-41），为电涡流传感器基本特性表达式。

4.3.3　电涡流形成范围

1. 电涡流的径向形成范围

线圈与导体系统产生的电涡流密度既是线圈与导体间距离 x 的函数，又是沿线圈半径方向 r 的函数。当 r 一定时，电涡流密度 J 与半径 r 的关系曲线如图 4-24 所示(图中 J_0 为金属导体表面电涡流密度，即电涡流密度最大值。J_r 为半径 r 处的金属导体表面电涡密度。

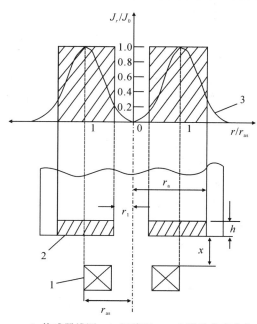

1-传感器线圈；2-短路环；3-电涡流密度分布

图 4-24　电涡流密度 J 与半径 r 的关系曲线

由图可知：

(1)电涡流径向形成范围大约在传感器线圈外半径 r 的 1.8～2.5 倍范围内，且分布不均匀。

(2)电涡流密度在 $r_1＝0$ 处为零。

(3)电涡流的最大值在 $r＝r_{as}$ 附近的一个狭窄区域内。

(4)可以用一个平均半径为 $r_{as}(r_{as}＝\dfrac{r_1+r_a}{2})$ 的短路环来集中表示分散的电涡流(图中阴影部分)。

2. 电涡流强度与距离的关系

理论分析和实验都已证明：当 x 改变时，电涡流密度也发生变化，即电涡流强度随距离 x 的变化而变化。

根据线圈与导体系统的电磁作用可以得到金属导体表面的电涡流强度为

$$I_2＝I_1(1-\frac{x}{\sqrt{x^2+r_{as}^2}}) \tag{4-42}$$

式中：I_1——线圈激励电流；

I_2——金属导体中的等效电流；

x——线圈到金属导体表面的距离；

r_{as}——线圈外径。

以上分析表明：

(1)电涡流强度与距离 x 呈非线性关系，且随着 x/r_{as} 的增加而迅速减小。

(2)当利用电涡流式传感器测量位移时，只有在 $x/r_{as} \ll 1$（一般取 0.05～0.15）的条件下才能得到较好的线性和较高的灵敏度。

3. 电涡流的轴向贯穿深度

所谓贯穿深度，是指把电涡流强度减小到表面强度的 $1/e$ 处的表面厚度。

由于金属导体的趋肤效应，电磁场不能穿过导体的无限厚度，仅作用于表面薄层和一定的径向范围内，并且导体中产生的电涡流强度是随导体厚度的增加按指数规律下降的。其按指数衰减分布规律可用下式表示：

$$J_d = J_0 \mathrm{e}^{-d/h} \tag{4-43}$$

式中：d——金属导体中某一点与表面的距离；

J_d——沿 H_1 轴向 d 处的电涡流密度；

J_0——金属导体表面电涡流密度，即电涡流密度最大值；

h——电涡流轴向贯穿的深度。

图 4-25 所示为电涡流密度轴向分布曲线。由图可见，电涡流密度主要分布在表面附近。

由前面分析所得的式(4-37)可知，被测导体电阻率愈大，相对导磁率愈小，传感器线圈的激磁电流频率愈低，则电涡流贯穿深度 h 愈大。故透射式电涡流传感器一般都采用低频激励。

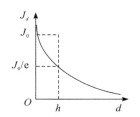

图 4-25　电涡流密度轴向分布曲线

4.3.4　测量电路

用于电涡流传感器的测量电路主要有调频式电路、调幅式电路和交流电桥三种。

调频式电路原理如图 4-26 所示。当传感器线圈接入 LC 振荡回路，传感器与被测导体距离 x 改变时，在涡流影响下，传感器的电感变化，并导致振荡频率的变化，该变化的频率是距离 x 的函数，即 $f = L(x)$，振荡器频率为：

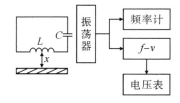

图 4-26　电涡流传感器测量电路框图

$$f = \frac{1}{2\pi \sqrt{L(x)C}}$$

为了避免输出电缆的分布电容的影响，通常将 L、C 装在传感器内。除此之外，调幅式电路及交流电桥也是常用的测量电路。

4.3.5　应用举例

1. 厚度测量

(1)低频透射式涡流厚度传感器

图 4-27 为透射式涡流厚度传感器的结构原理图。在被测金属板的上方设有发射传感器线圈 L_1，在被测金属板下方设有接收传感器线圈 L_2，当在 L_1 上加低频电压 $\dot{u}_1$ 时，L_2 上产生交变磁通 Φ_1；若两线圈间无金属板，则交变磁通直接耦合至 L_2 中，L_2 上产生感应电压 $\dot{u}_2$。如果将被测金属板放入两线圈之间，则线圈产生的磁场将导致在金属板中产生电涡流，并贯穿金属板，此时磁场能量受到损耗，使到达 L_2 的磁场将减弱为 φ_1'，从而使 L_2 产生的感应电压 $\dot{u}_2$ 下降。金属板越厚，涡流损失就越大，电压 $\dot{u}_2$ 就越小。因此，可根据 $\dot{u}_2$ 电压的大小得知被测金属板的厚度。透射式涡流厚度传感器的检测范围可达 $1\sim100$ mm，分辨率为 0.1 μm，线性度为 1%。

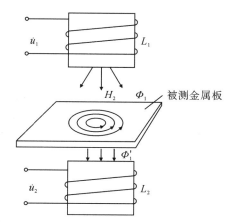

图 4-27　透射式涡流厚度传感器结构原理图

(2)高频反射式涡流厚度传感器。

图 4-28 是高频反射式涡流厚度传感器测试系统原理图。

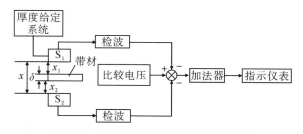

图 4-28　高频反射式涡流测厚仪原理图

为了克服带材不够平整或运行过程中上下波动的影响，在带材的上、下两侧对称地设置了两个特征完全相同的涡流传感器 S_1 和 S_2。S_1 和 S_2 与被测带材表面之间的距离分别为 x_1 和 x_2。若带材厚度不变，则被测带材上、下表面之间的距离总有"$x_1+x_2=$ 常数"的关系存在，两传感器的输出电压之和 $2u_0$ 数值不变。如果被测带材厚度改变量为 $\Delta\delta$，则两传感器与带材之间的距离也改变 $\Delta\delta$，此时两传感器输出电压为 $2u_0\pm\Delta u$。Δu 经放大器放大后，通过指示仪器即可指示出带材的厚度变化值。带材厚度给定值与偏差指示值的代数和就是被测带材的厚度。

2. 位移测量

电涡流传感器可测量各种形状试件的位移量，凡是可变换成位移量的参数，都可用电涡流传感器来测量。如汽轮机的轴向窜动、被测磨床换向阀等，如图 4-29 所示。利用这种原理还可以测量金属材料的热膨胀系数、钢水液位等。

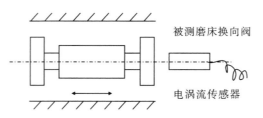

图 4-29　测量磨床换向阀位移的涡流传感器

3. 转速测量

图 4-30 所示为电涡流传感器转速测量的原理。在旋转体上装上一个齿轮状的(或带槽的)零件,旁边安装一个电涡流传感器,当旋转体转动时,电涡流传感器与旋转体的间距也在不断地变化。涡流传感器输出周期信号,该信号经放大、整流后,输出与转速成正比的脉冲频率信号。

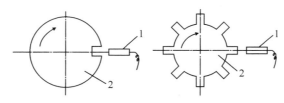

1—电涡流传感器;2—旋转体

图 4-30　转速测量示意图

这种电涡流转速传感器可实现非接触式测量,可安装在旋转体的近旁长期对被测旋转体进行监视。用同样的方法可将电涡流传感器安装在产品输送线上对产品进行计数。

4. 电涡流探伤仪

在非破坏性检测领域里,电涡流传感器已被用作有效的探伤技术。例如,用来测试金属材料的表面裂纹、热处理裂痕、砂眼、气泡以及焊接部位的探伤等。探伤时,传感器与被测物体间距要保持不变,当有裂纹出现时,传感器阻抗发生变化,导致测量电路的输出电压改变,从而达到探伤的目的。电涡流传感器还可以探测地下或墙里埋设的管道或金属体,包括带金属零件的地雷。

思考题

4-1　说明差动变气隙式电感传感器的主要组成、工作原理和基本特性。

4-2　变压器式电感传感器的输出特性与哪些因素有关?怎样改善其非线性?怎样提高其灵敏度?

4-3　差动变压器式传感器有哪几种结构形式?各有什么特点?

4-4　差动变压器式传感器的等效电路包括哪些元件和参数?各自的含义是什么?

4-5　差动变压器式传感器的零点残余电压产生的原因是什么?怎样减小和消除它的

影响？

4-6　简述相敏检波电路的工作原理,保证其可靠工作的条件是什么？

4-7　已知一差动整流电桥电路如图 4-31 所示。电路由差动电感传感器 Z_1、Z_2 及平衡电阻 R_1、$R_2(R_1=R_2)$组成。桥路的一个对角接有交流电源 U_i,另一个对角线为输出端 U_o,试分析该电路的工作原理。

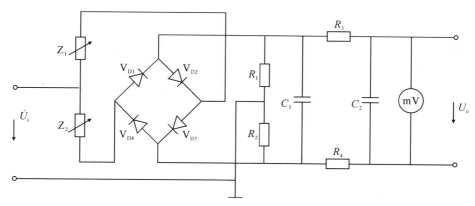

图 4-31　题 4-7 图

4-8　已知变气隙式电感传感器的铁心横截面积 $A=1.5$ cm²,磁路长度 $L=20$ cm,相对磁导率 $\mu_1=5000$,气隙 $\delta_0=0.5$ cm,$\Delta\delta=\pm0.1$ mm,真空导磁率 $\mu_0=4\pi\times10^{-7}$ H/m,线圈匝数 $W=3000$,求单边式传感器的灵敏度 $\Delta L/\Delta\delta$.若将其做成差动结构形式,灵敏度将如何变化？

4-9　何谓电涡流效应？怎样利用涡流效应进行位移测量？

4-10　电涡流的形成范围包括哪些内容？它们的主要特点是什么？

4-11　电涡流传感器常用的测量电路有哪几种？其测量原理是什么？各有什么特点？

第 5 章　电容式传感器

电容式传感器是将被测非电量的变化转换为电容量变化的一种传感器。它结构简单、体积小、分辨率高,可实现非接触式测量,并能在高温、照射和强烈振动等特殊条件下测量。电容式传感器广泛应用于压力、差压、液位、振动、位移、加速度、成分含量等多方面测量。随着电容测量技术的迅速发展,电容式传感器在非电量测量和自动检测中得到了广泛的应用。结合现代微机电技术,微型电容式传感器出现,并可广泛应用于特殊环境下的测量。

5.1　电容式传感器的工作原理和结构

由绝缘介质分开的两个平行金属板组成的平板电容器,如图 5-1 所示,如果不考虑边缘效应,其电容量为:

$$C = \frac{\varepsilon A}{d} \tag{5-1}$$

式中:ε——电容极板间介质的介电常数,当介质为真空时,其为真空介电常数,用 ε_0 表示,而 ε_r 为极板间介质的相对介电常数;

A——两平行板的相对面积;

d——两平行板之间的距离。

当被测参数变化使得式(5-1)中的 A、d 或 ε 发生变化时,电容量 C 也随之变化。如果保持其中两个参数不变,而仅改变其中一个参数,就可把该参数的变化转换为电容量的变化,通过测量电路就可转换为电量输出。因此,电容式传感器可分为变极板间距型、变极板相对面积型和变介质型三种。

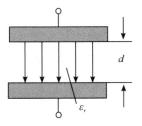

图 5-1　平板电容器

5.1.1　变极板间距型电容式传感器

图 5-2 为变极板间距型电容式传感器的原理图。当传感器的 ε_r 和 A 为常数,初始极板间距为 d_0 时,由式(5-1)可知其初始电容量 C_0 为:

$$C_0 = \frac{\varepsilon_0 \varepsilon_r A}{d_0} \tag{5-2}$$

若电容器极板间距由初始值 d 缩小了 Δd,电容量增大了 ΔC,则有

$$C = C_0 + \Delta C = \frac{\varepsilon_0 \varepsilon_r A}{d_0 - \Delta d} = \frac{C_0}{1 - \frac{\Delta d}{d_0}} = \frac{C_0 \left(1 + \frac{\Delta d}{d_0}\right)}{1 - \left(\frac{\Delta d}{d_0}\right)^2} \tag{5-3}$$

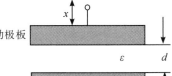

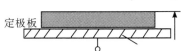

图 5-2　变间距式平板电容器

由式(5-3)可知,传感器的输出特性不是线性关系,而是如图 5-3 所示曲线关系。

在式(5-3)中,若 $\dfrac{\Delta d}{d} \ll 1$,则式(5-3)可以简化为

$$C = C_0 + C_0 \frac{\Delta d}{d} \qquad (5\text{-}4)$$

此时 C 与 Δd 近似呈线性关系,所以变极板间距型电容式传感器只有在 $\dfrac{\Delta d}{d}$ 很小时才有近似的线性关系。

另外,由式(5-4)可以看出,在 d_0 较小时,对于同样的 Δd 所引起的 ΔC 可增大,从而使传感器灵敏度提高。但 d_0 过小时容易引起电容器击穿或短路。为此,极板间可插入高介电常数的材料(云母、陶瓷、塑料膜等)做介质层,如图 5-4 所示,此时电容 C 变为

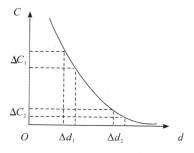

图 5-3　电容量与极板间距之间的关系

$$C = \frac{A}{\dfrac{d_g}{\varepsilon_0 \varepsilon_g} + \dfrac{d_0}{\varepsilon_0}} \qquad (5\text{-}5)$$

式中:ε_g——云母的相对介电常数,$\varepsilon_g = 7$;

　　　ε_0——空气的介电常数,$\varepsilon_0 = 1$;

　　　d_0——空气隙厚度;

　　　d_g——云母片的厚度。

云母片的相对介电常数是空气的 7 倍,其击穿电压不小于 1000 kV/mm,而空气仅为 3 kV/mm。因此有了云母片,极板间起始距离可大大减小,同时,式(5-5)中的 $\dfrac{d_g}{\varepsilon_0 \varepsilon_g}$ 项是恒定值,它能使传感器的输出特性的线性度得到改善。

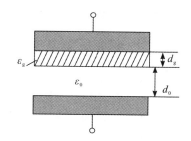

图 5-4　插入高介质层的平板电容器

一般变极板间距电容式传感器的起始电容为 $20 \sim 100$ pF,极板间距在 $25 \sim 200$ μm 范围内,最大位移应小于间距的 1/10,故在微位移测量中应用最广。如果是微电容式传感器,极板间距最小可达到 2 μm,电容值可为 $20 \sim 50$ pF,可广泛应用于特殊环境下的压力、微位移、加速度等的测量。

5.1.2　变相对面积型电容式传感器

图 5-5 是变相对面积型电容式传感器原理示意图。被测量通过动极板移动引起两极板有效相对面积 A 改变,从而得到电容量的变化。当动极板相对于定极板沿长度方向平移 Δx 时,电容变化量为

$$\Delta C = C - C_0 = \frac{\varepsilon_0 \varepsilon_r b \Delta x}{d} \qquad (5\text{-}6)$$

式中 $C_0 = \varepsilon_0 \varepsilon_r b a / d$ 为初始电容。电容相对变化量为

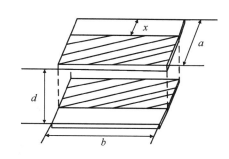

图 5-5　变面积型电容式传感器原理图

67

$$\frac{\Delta C}{C_0} = \frac{\Delta x}{a} \tag{5-7}$$

由此可见,变相对面积型电容式传感器的电容量 C 与水平位移 Δx 呈线性关系。图 5-6 是电容式角位移传感器原理图。当动极板有一个角位移 θ 时,与定极板间的有效覆盖面积就发生改变,从而改变了两极板间的电容量。当 $\theta = 0$ 时,有

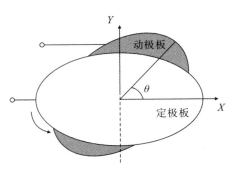

$$C_0 = \frac{\varepsilon_0 \varepsilon_r A}{d_0} \tag{5-8}$$

式中:ε_r——介质的相对介电常数;

d_0——两极板间距离;

A_0——两极板间初始覆盖面积。

图 5-6 变面积型电容传感器结构原理图

当 $\theta \neq 0$ 时,有

$$C_0 = \frac{\varepsilon_0 \varepsilon_r A \left(1 - \dfrac{\theta}{\pi}\right)}{d_0} = C_0 - C_0 \frac{\theta}{\pi} \tag{5-9}$$

从式(5-9)可以看出,传感器的电容量 C 与角位移 θ 呈线性关系。

5.1.3 变介质型电容式传感器

变介质型电容式传感器是通过改变极板间的电介质来改变传感器电容值的。一种利用改变极板间介质的方式测量液位高低的电容式传感器结构原理如图 5-7 所示。设被测介质的介电常数为 ε,液面高度为 h,传感器总高度为 H,内筒外径为 d,外筒内径为 D,则此时传感器电容值为:

$$C = \frac{2\pi \varepsilon_1 h}{\ln \dfrac{D}{d}} + \frac{2\pi \varepsilon_1 (F - h)}{\ln \dfrac{D}{d}} = \frac{2\pi h (\varepsilon_1 - \varepsilon)}{\ln \dfrac{D}{d}} = C_0 + \frac{2\pi h (\varepsilon_1 - \varepsilon)}{\ln \dfrac{D}{d}} \tag{5-10}$$

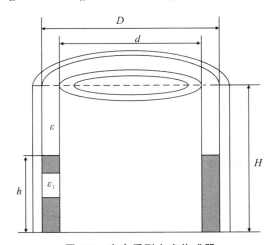

图 5-7 变介质型电容传感器

式中：ε_0——空气的介电常数；

C_0——由变换器的基本尺寸决定的初始电容，其值为

$$C_0 = \frac{2\pi\varepsilon H}{\ln\dfrac{D}{d}} \tag{5-11}$$

由式(5-10)可见，此变换器的电容增量正比于被测液位高度 h。

变介质型电容传感器有较多的结构形式，可以用来测量纸张、绝缘薄膜等的厚度、位移，也可用来测量粮食、纺织品、木材或煤等非导电固体介质的湿度。图 5-8 是一种常用的结构形式，图中两平行电极固定不动，极板间距为 d，相对介电常数为 ε_{r_2} 的电介质以不同深度插入电容器中，从而改变两种介质的极板覆盖面积。传感器总电容量 C 为

$$C = C_1 + C_2 = \varepsilon_0 b_0 \frac{\varepsilon_{r_1}(L_0 - L) + \varepsilon_{r_2} L}{d_0} \tag{5-12}$$

式中：L_0、b_0 为极板的长度、宽度；L 为第二种介质进入极板间的长度。

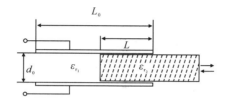

图 5-8　变介质型电容传感器常用结构形式

若电介质 $\varepsilon_{r_1} = 1$，则当 $L = 0$ 时，传感器初始电容为 C_0。当被测介质 ε_{r_2} 进入极板间 L 深度后，引起电容相对变化量为

$$\frac{\Delta C}{C_0} = \frac{C - C_0}{C_0} = \frac{(\varepsilon_{r_2} - 1)L}{L_0} \tag{5-13}$$

可见，电容量的变化与电介质 ε_{r_2} 的移动量 L 呈线性关系。

几种常用的电介质材料的相对介电常数 ε_{r_2} 列于表 5-1 中

表 5-1　常见介质材料的相对介电常数

材料	相对介电常数	材料	相对介电常数
真空	1.0	硬橡胶	4.3
其他气体	1.0～1.2	石英	4.5
纸	2.0	玻璃	5.3～7.5
聚四氟乙烯	2.1	陶瓷	5.5～7.0
石油	2.2	盐	6
聚乙烯	2.3	云母	6～8.5
硅油	2.7	三氧化二铁	8.5
米及谷类	3.0～5.0	乙醇	20～25
环氧树脂	3.3	乙二醇	35～40
石英玻璃	3.5	甲醇	37

5.2 电容式传感器的灵敏度及非线性

由上节分析可知,除变极板间距型电容式传感器外,其他几种形式传感器的输入量与输出电容量之间均为线性的关系,故只讨论变极板间距型平板电容式传感器的灵敏度及非线性。

由式(5-4)可知,电容的相对变化量为

$$\frac{\Delta C}{C_0} = \frac{\dfrac{\Delta d}{d_0}}{1 - \dfrac{\Delta d}{d_0}} \tag{5-14}$$

当 $|\Delta d / d| \ll 1$ 时,上式可按级数展开得:

$$\frac{\Delta C}{C_0} = \frac{\Delta d}{d_0}\left[1 + \frac{\Delta d}{d_0} + \left(\frac{\Delta d}{d_0}\right)^2 + \left(\frac{\Delta d}{d_0}\right)^3 + \cdots\right] \tag{5-15}$$

由式(5-15)可见,输出电容的相对变化量 $\Delta C/C_0$ 与输入位移 Δd 之间呈非线性关系。

当 $|\Delta d / d| \ll 1$ 时,可略去高次项,得到近似的线性关系,如下式所示:

$$\frac{\Delta C}{C_0} \approx \frac{\Delta d}{d_0} \tag{5-16}$$

电容式传感器的灵敏度为

$$K = \frac{\Delta C / C_0}{\Delta d} = \frac{1}{d_0} \tag{5-17}$$

它说明了单位输入位移所引起的输出电容相对变化的大小与 d_0 呈反比关系。

如果考虑式(5-15)中的线性项与二次项,则

$$\frac{\Delta C}{C_0} = \frac{\Delta d}{d_0\left(1 + \dfrac{\Delta d}{d_0}\right)} \tag{5-18}$$

由此可得出传感器的相对非线性误差 r_L 为:

$$r_L = \frac{(\Delta d / d_0)^2}{|\Delta d / d_0|} \times 100\% = \left|\frac{\Delta d}{d_0}\right| \times 100\% \tag{5-19}$$

由式(5-17)与式(5-19)可以看出:要提高灵敏度,应减小起始间隙 d_0,但非线性误差随着 d_0 的减小而增大。

在实际应用中,为了提高灵敏度,减小非线性误差,大都采用差动式结构。图 5-9 是变极板间距型差动平板式电容传感器结构示意图。在差动平板式电容器中,当动极板上移 Δd 时,电容器 C_1 的间隙 d_1 变为 $d_1 - \Delta d$,电容器 C_2 的间隙 d_2 变为 $d_2 + \Delta d$,则:

图 5-9 差动平板式电容传感器结构图

$$C_1 = \frac{C_0}{1 - \Delta d/d_0} \tag{5-20}$$

$$C_2 = \frac{C_0}{1 + \Delta d/d_0} \tag{5-21}$$

在 $|\Delta d/d| \ll 1$ 时,按级数展开得

$$C_1 = C_0 \left[1 + \frac{\Delta d}{d_0} + (\frac{\Delta d}{d_0})^2 + (\frac{\Delta d}{d_0})^3 + \cdots \right] \tag{5-22}$$

$$C_2 = C_0 \left[1 - \frac{\Delta d}{d_0} + (\frac{\Delta d}{d_0})^2 - (\frac{\Delta d}{d_0})^3 + \cdots \right] \tag{5-23}$$

电容值总的变化量为

$$\Delta C = C_1 - C_2 = 2C_0 \left[\frac{\Delta d}{d_0} + \left(\frac{\Delta d}{d_0}\right)^3 + \left(\frac{\Delta d}{d_0}\right)^5 + \cdots \right] \tag{5-24}$$

电容值相对变化量为

$$\frac{\Delta C}{C} = \frac{2\Delta d}{d} \left[1 + \left(\frac{\Delta d}{d}\right)^2 + \left(\frac{\Delta d}{d}\right)^4 + \cdots \right] \tag{5-25}$$

略去高次项,则 $\Delta C/C_0$ 与 $\Delta d/d_0$ 近似成为如下线性关系:

$$\frac{\Delta C}{C_0} \approx \frac{2\Delta d}{d_0} \tag{5-26}$$

如果只考虑式(5-25)中的线性项和三次项,则电容传感器的相对非线性误差 r_L 近似为

$$r_L = \frac{2|(\Delta d/d_0)^3|}{2|\Delta d/d_0|} \times 100\% = \left(\frac{\Delta d}{d_0}\right)^2 \times 100\% \tag{5-27}$$

比较式(5-16)与式(5-26)及式(5-19)与式(5-27)可见,电容传感器做成差动式之后,灵敏度增加了 1 倍,而非线性误差却大大降低。

5.3　电容式传感器的等效电路

电容式传感器的等效电路可以用图 5-10 所示电路表示。图中考虑了电容器的损耗和电感效应,R_P 为并联损耗电阻,它代表极板间的泄露电阻和介质损耗。这些损耗在低频时影响较大,随着工作频率增高,容抗减小,其影响就减弱。R_S 代表串联损耗,即代表引线电阻、电容器支架和极板电阻的损耗。电感 L 由电容器本身的电感和外部引线电感组成。

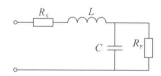

图 5-10　电容式传感器等效电路图

由等效电路可知,它有一个谐振频率,通常为几十兆赫。低频时容抗较大,L、R 可忽略;高频时容抗小,L、R 不可忽略,工作频率 10 MHz 以上时要考虑电缆 L 的影响。相当于一个串联谐振,有一个谐振频率,当工作频率等于谐振频率时,串联谐振阻抗最小,分布电容常常比传感器电容还大。为克服分布电容影响,常采用双层屏蔽等位传输技术,又叫驱动电缆技术。一般情况下,工作频率应低于谐振频率,否则电容传感器不能正常工作。

传感元件的有效电容 C_e 可由下式求得(为了方便计算,忽略 R_S 和 R_P):

$$\left.\begin{array}{l} \dfrac{1}{j\omega C_e}=j\omega L+\dfrac{1}{j\omega C} \\[3mm] C_e=\dfrac{C}{1-\omega^2 LC} \\[3mm] \Delta C_e=\dfrac{\Delta C}{1-\omega^2 LC}+\dfrac{\omega^2 LC\Delta C}{(1-\omega^2 LC)^2}=\dfrac{\Delta C}{(1-\omega^2 LC)^2} \end{array}\right\} \tag{5-28}$$

在这种情况下,电容的实际相对变化量为

$$\frac{\Delta C_e}{C_e}=\frac{\Delta C/C}{1-\omega^2 LC} \tag{5-29}$$

式(5-29)表明电容式传感器的实际相对变化量与传感器的固有电感 L 的角频率 ω 有关。因此,在实际应用时必须与标定的条件相同。

为提高电容传感器的稳定性,克服寄生电容耦合(不稳定值),应采取屏蔽措施。

(1)将电容转换元件置于金属屏蔽罩,外壳接地,引出线用屏蔽线,屏蔽网接地,可消除外静电场和交变磁场。

(2)电容转换元件本身电容量很小(一般几十皮法),引出线屏蔽后屏蔽线电缆的电容量大(每米可达几百皮法),该电容与传感器电容并联后使电容的相对变化量大大降低,使灵敏度降低。

消除方法:一是将测量电路前级紧靠转换元件,最好全部电路装在传感器壳体内(避免信号由长电缆传输);二是采用双层屏蔽等电位传输技术(驱动电缆技术)。

5.4　电容式传感器的测量电路

电容式传感器把被测量转换为电容量,其电容值以及电容变化值都十分微小,这样微小的电容量还不能直接为目前的显示仪表所显示,也很难为记录仪所接受。这就必须借助于测量电路检出这一微小电容增量,并将其转换成与其成单值函数关系的电压、电流或者频率。电容转换电路有调制型电路(包括调频电路和调幅电路)、运算放大器式电路、二极管双 T 形交流电桥等。

5.4.1　调频电路

调频测量电路把电容式传感器作为振荡器谐振回路的一部分,当输入量导致电容量发生变化时,振荡器的振荡频率就发生变化。虽然可将频率作为测量系统的输出量,用以判断被测非电量的大小,但此时系统是非线性的,不易校正,因此必须加入鉴频器,将频率的变化转换为电压振幅的变化,经过放大就可以用仪器指示或用记录仪记录下来。调频式测量电路原理框图如图 5-11 所示。

图 5-11　调频式测量电路原理框图

图中调频振荡器的振荡频率为

$$f = \frac{1}{2\pi\sqrt{LC}} \qquad (5-30)$$

式中:L——振荡回路的电感;

　　C——振荡回路的总电容,$C = C_1 + C_2 + C_x$,其中 C_1 为振荡回路固有电容,C_2 为传感器引线分布电容,$C_x = C_0 + \Delta C$ 为传感器的电容。

当被测信号为 0 时,$\Delta C = 0$,则 $C = C_1 + C_2 + C_0$,所以振荡器有一个固有频率 f_0,其表达式为:

$$f_0 = \frac{1}{2\pi\sqrt{C_1 + C_2 + C_0}\,L} \qquad (5-31)$$

当被测信号不为 0 时,$\Delta C \neq 0$,振荡器频率有相应变化,此时频率为:

$$f = \frac{1}{2\pi\sqrt{L(C_0 + C_1 + C_2 \pm \Delta C)}} = f_0 \pm \Delta f \qquad (5-32)$$

调频电容传感器测量电路具有较高的灵敏度,可以测量精确至 $0.01~\mu m$ 级位移变化量。信号的输出频率易于用数字仪器测量,并可以与计算机通信,抗干扰能力强,可以发送、接收,以达到遥测、遥控的目的。

5.4.2　调幅电路

配有调幅电路的系统,在其电路输出端取得的是具有调幅波的电压信号,其幅值近似地正比于被测信号。实现调幅的方法比较多,一般有交流激励法与交流电桥法。下面仅介绍交流激励法。

用交流激励法测出的电容变化量原理如图 5-12(a)所示,一般采用松耦合。次端的等效电路如图 5-12(b)所示,其中的 E_2 为二次侧感应电动势,其值为:

$$\dot{E}_2 = -j\omega M\dot{I} \qquad (5-33)$$

式中:M——耦合电路的互感系数;

　　ω——振荡源的频率。

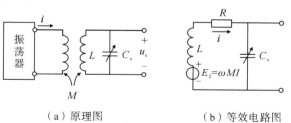

　　　（a）原理图　　　　　　　　（b）等效电路图

图 5-12　交流激励法基本原理

图中 L 为变压器二次线圈的电感值，R 为变压器二次线圈的直流电阻值，C_x 为电容传感器的电容值。于是可有如下方程

$$L\frac{\mathrm{d}I}{\mathrm{d}t}+IR+\frac{1}{C_x}\int I\,\mathrm{d}t=E_2 \tag{5-34}$$

即

$$LC_x\frac{\mathrm{d}^2 u_\mathrm{c}}{\mathrm{d}t^2}+RC_x\frac{\mathrm{d}u_\mathrm{c}}{\mathrm{d}t}+u_\mathrm{c}=E_2 \tag{5-35}$$

从上式可得电容传感器上的电压 u_c，而幅值的模 U_C 为

$$U_\mathrm{C}=\frac{E_2}{\sqrt{(1-LC_x\omega^2)^2+R^2 C_x^2\omega^2}} \tag{5-36}$$

若传感器的初始电容值为 C_0，电感电容回路的初始谐振频率 $\omega_0=2\pi f_0=1/\sqrt{LC_0}$，且取值 $Q=\omega_0 L/R$

$$k=\frac{1}{Q}\cdot\frac{1}{\sqrt{\left(1-\frac{\omega^2}{\omega_0^2}\right)^2+\frac{1}{Q^2}\cdot\frac{\omega^2}{\omega_0^2}}} \tag{5-37}$$

ω_0、Q 及 k 值代入(5-36)式中可得

$$u_\mathrm{c}=kQE_2 \tag{5-38}$$

现将图 5-13 中的曲线 1 作为回路的谐振曲线。若激励源的频率为 f，则可确定其工作在 A 点上。当传感器工作时，引起电容值改变，从而使谐振曲线左右移动，工作点也会在同一频率 f 下的纵坐标直线上下移动（如 B、C 点），可见最终的电容传感器的电压降将发生变化。因此，电路输出的电信号是与激励电源同频率、幅值随被测量的大小而改变的调幅波。为调整从被测量的输入输出电压幅值的线性转换关系，正确选择工作点 A 很重要。为调整方便，常在传感器电容 C_x 上并联一个微调的小电容。

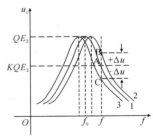

图 5-13　谐振曲线图

5.4.3　运算放大器式电路

运算放大器的放大倍数非常大，而且输入阻抗 Z_i 很高，这一特点可作为比较理想的电容式传感器的测量电路。图 5-14 是运算放大器式电路原理图，图中 C_x 为电容式传感器电容，$\dot{U}_\mathrm{i}$ 是交流电源电压，$\dot{U}_\mathrm{o}$ 是输出信号电压，Σ 是虚地点。由运算放大器工作原理可得

$$\dot{U}_\mathrm{o}=-\frac{C}{C_x}\dot{U}_\mathrm{i} \tag{5-39}$$

如果传感器是一只平板电容，则 $C_x=\varepsilon A/d$，代入式(5-39)可得

$$\dot{U}_\mathrm{o}=-\dot{U}_\mathrm{i}\frac{C}{\varepsilon A}d \tag{5-40}$$

式中"$-$"号表示输出电压 $\dot{U}_\mathrm{o}$ 的相位与电源电压反相。式(5-40)说明运算放大器的输出压与极板间距离 d 呈线性关系。运算放大器式电路虽解决了单个变极板间距离式电容传感器的非线性问题，但要求 Z_i 及放大倍数足够大。为保证仪器精度，还要求电源电压 $\dot{U}_\mathrm{i}$ 的

幅值和固定电容 C 值稳定。

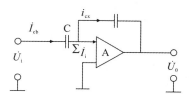

图 5-14　运算放大器式电路原理图

5.4.4　二极管双 T 形交流电桥

图 5-15 是二极管双 T 形交流电桥电路原理图。e 是高频电源,它提供了幅值为 U 的对称方波,V_{D1}、V_{D2} 为特性完全相同的两只二极管,固定电阻 $R_1 = R_2 = R$,C_1、C_2 为传感器的两个差动电容。

当传感器没有输入时,$C_1 = C_2$。其电路工作原理如下:当 e 为正半周时,二极管 V_{D1} 导通,V_{D2} 截止,于是电容 C_1 充电,其等效电路如图 5-15(b)所示;在随后负半周出现时,电容 C_1 上的电荷通过电阻 R_1、负载电阻 R_L 放电,流过 R_L 的电流为 I_1,当 e 为负半周时,V_{D2} 导通,V_{D1} 截止,则电容 C_2 充电,其等效电路如图 5-15(c)所示;在随后出现正半周时,C_2 通过电阻 R_2,负载电阻 R_L 放电,流过 R_L 的电流为 I_2。根据上面所给的条件,则电流 $I_1 = I_2$,且方向相反,在一个周期内流过 R_L 的平均电流为零。

若传感器输入不为 0,则 $C_1 \neq C_2$,$I_1 \neq I_2$,此时在一个周期内通过 R_L 上的平均电流不为零,此时输出电压在一个周期内平均值为:

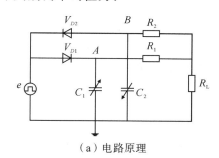

（a）电路原理

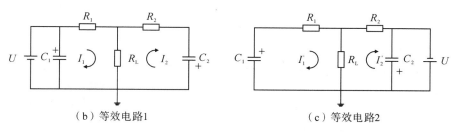

（b）等效电路1　　　　　　　　　　　　（c）等效电路2

图 5-15　二极管双 T 形交流电桥

$$U_o = I_L R_L = \frac{1}{T} \int_0^T \left[I_1(t) - I_2(t) \mathrm{d}t R_L \right] \approx \frac{R(R + 2R_L)}{(R + R_L)^2} \cdot R_L U f (C_1 - C_2) \quad (5\text{-}41)$$

式中,f 为电源频率。

当 R_L 已知时,式(5-41)中

$$\left[\frac{R(R+2R_L)}{(R+R_L)^2}\right]\cdot R_L=M$$

式(5-41)可改写为

$$U_o=UfM(C_1-C_2) \tag{5-42}$$

从式(5-42)可知,输出电压 U_o 不仅与电源电压幅值和频率有关,而且与 T 形网络中电容 C_1 和 C_2 的差值有关。当电源电压确定后,输出电压 U_o 是电容 C_1 和 C_2 的函数。该路输出电压较高,当电源频率为 1.3 MHz、电源电压 $U=46$ V 时,电容在 $-7\sim7$ pF 变化,可以在负载上得到 $-5\sim5$ V 的直流输出电压。电路的灵敏度与电源电压幅值和频率有关,故输入电源要求稳。当 U 幅值较高,使二极管 V_{D1} 和 V_{D2} 工作在线性区域时,测量的非线性误差很小。电路的输出阻抗与电容 C_1、C_2 无关,而仅与 R_1、R_2 及 R_L 有关,为 $1\sim100$ kΩ。输出信号的上升沿时间取决于负载电阻。对于 1 kΩ 的负载电阻,上升时间为 20 μs 左右,故可用来测量高速的机械运动。

5.5　电容式传感器的应用

5.5.1　电容式压力传感器

图 5-16 为差动电容式压力传感器的结构。图中所示膜片为动电极,两个在凹形玻璃上的金属镀层为固定电极,构成差动电容器。

当被测压力或压力差作用于膜片并产生位移时,所形成的两个电容器的电容量一个增大,一个减小。该电容值的变化经测量电路转换成与压力或压力差相对应的变化。

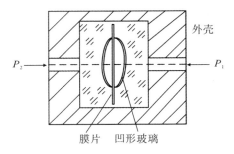

图 5-16　差动式电容压力传感器结构

5.5.2　电容式加速度传感器

图 5-17 为差动电容式加速度传感器结构。它有两个固定极板(与壳体绝缘),中间有用弹簧片支撑的质量块,此质量块的两个端面经过磨平抛光后作为可动极板(与壳体电连接)。当传感器壳体随被测对象沿垂直方向作直线加速运动时,质量块在惯性空间中相对静止,两个固定电极将相对于质量块在垂直方向产生大小正比于被测加速度的位移。此位移随两电容的间隙发生变化,一个增加,一个减小,从而使 C_1、C_2 产生大小相等、符号相反的增量,此增量正比于被测加速度。电容式加速度传感器的主要特点是频率响应快和量程范围大,大多采用空气或其他气体作为阻尼物质。

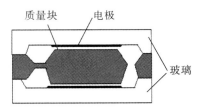

图 5-17　差动电容式加速度传感器

思 考 题

5-1　根据工作原理可将电容式传感器分为哪几种类型？每种类型各有什么特点？各适用于什么场合？

5-2　如何改善单极式变极距型传感器的非线性？

5-3　差动电容式传感器接入变压器交流电桥，当变压器副边两绕组电压有效值均为 U 时，试推导电桥空载输出电压 U_o 与 C_{x_1}、C_{x_2} 的关系式。若采用变截距型电容式传感器，设初始截距均为 δ_0，改变 $\Delta\delta$ 后，求空载输出电压 U_o 与 $\Delta\delta$ 的关系式。

5-4　简述差动式测压电容式传感器系统的工作原理。

第 6 章 压电式传感器

压电式传感器是以某些电介质的压电效应为基础,在外力作用下,在电介质的表面上产生电荷,从而实现非电量测量,是典型的有源传感器。

压电传感元件是力敏感元件,所以它能测量最终能变换为力的那些物理量,例如力、压力、加速度等各种动态力、机械冲击与振动。

压电式传感器具有响应频带宽、灵敏度高、信噪比大、结构简单、工作可靠、质量轻等优点。近年来,由于电子技术的飞速发展,随着与之配套的二次仪表以及低噪声、小电容、高绝缘电阻电缆的出现,压电传感器的使用更为方便,因此在工程力学、生物医学、石油勘探、声波测井、电声学、宇航等许多技术领域中获得了广泛的应用。

6.1 压电效应及压电材料

6.1.1 压电效应

当沿着一定方向对某些电介质施力而使它变形时,其内部就产生了极化现象,同时在它的两个表面上产生符号相反的电荷,当外力去除后,其又重新恢复到不带电状态,当作用力方向改变时,电荷的极性也随之改变,这种现象称压电效应。

正压电效应(顺压电效应):当沿着一定方向对某些电介质施力而使它变形时,其内部就产生极化现象,同时在它的一定表面上产生电荷,当外力去掉后,又重新恢复不带电状态的现象。当作用力方向改变时,电荷极性也随着改变。

逆压电效应(电致伸缩效应):当在电介质的极化方向施加电场,这些电介质就在一定方向上产生机械变形或机械压力,当外加电场撤去时,这些变形或应力也随之消失的现象。

压电元件可以将机械能转化成电能,也可以将电能转化成机械能。正压电效应是将机械能转化为电能,而逆压电效应是将电能转化为机械能。

6.1.2 石英晶体

石英晶体的化学式为 SiO_2,是单晶体结构。图 6-1(a)为天然结构的石英晶体外形,它是一个正六面体。

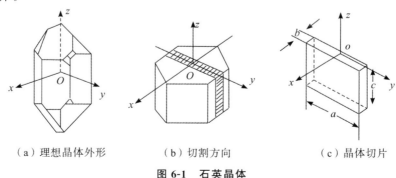

（a）理想晶体外形　　　（b）切割方向　　　（c）晶体切片

图 6-1 石英晶体

石英晶体各个方向的特性是不同的。其中纵向轴 z 称为光轴,经过六面体棱线并垂直于光轴的 x 轴称为电轴,与 x 和 z 轴同时垂直的轴 y 称为机械轴。通常把在沿电轴 x 方向的力作用下产生电荷的压电效应称为纵向压电效应,而把在沿机械轴 y 方向的力作用下产生电荷的压电效应称为横向压电效应。而沿光轴 z 方向的力作用时不产生压电效应。如表6-1 所示。

表 6-1　不同坐标轴下对应的压电效应

z	光轴(纵向轴)	无压电效应
x	电轴(过六面体棱线,且垂直于 z 轴)	有纵向压电效应
y	机械轴	有横向压电效应

沿电轴 x 方向施加力 F_x 时,有纵向压电效应,在垂直于 x 的平面上将产生电荷,其大小为

$$q_x = d_{11} F_x \tag{6-1}$$

沿机械轴 y 方向施加力 F_y 时,有横向压电效应,则仍在垂直于 x 的平面上产生电荷 q_y,其大小为

$$q_y = d_{12} \cdot \frac{a}{b} \cdot F_y \tag{6-2}$$

式中:d_{12}——y 轴方向受力的压电系数,根据石英晶体的对称性有 $d_{12} = -d_{11}$;

a、b——晶体切片的长度、厚度。

电荷 q_x 和 q_y 的符号由受压力还是受拉力决定。

1. 石英晶体的压电效应

石英晶体具有压电效应,是由其内部结构决定的。图 6-2 是一个单元组体中构成石英晶体的硅离子和氧离子在垂直于 z 轴的 xy 平面上的投影,等效为一个正六边形排列。图中 "$\oplus$" 代表硅离子 Si^{4+},"$\ominus$" 代表氧离子 O^{2-}。

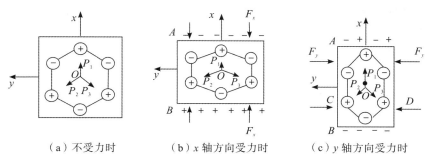

（a）不受力时　　　　（b）x 轴方向受力时　　　　（c）y 轴方向受力时

图 6-2　石英晶体压电模型

（1）当石英晶体未受外力作用时,正、负离子正好分布在正六边形的顶角上,形成三个互成 120° 夹角的电偶极矩 P_1、P_2、P_3,如图 6-2(a)所示。因为 $P = ql$,q 为电荷量,l 为正负电荷之间的距离。此时正负电荷重心重合,电偶极矩的矢量和等于零,即 $P_1 + P_2 + P_3 = 0$,所以晶体表面不产生电荷,即呈中性。

（2）当石英晶体受到沿 x 轴方向的压力作用时,晶体沿 x 轴方向将产生压缩变形,正、

负离子的相对位置也随之变动。如图 6-2(b)所示,此时正、负电荷重心不再重合,电偶极矩在 x 方向上的分量由于 P_1 的减小和 P_2、P_3 的增加而不等于零。在 x 轴的正方向出现负电荷,电偶极矩在 y 方向上的分量仍为零,不出现电荷。

(3)当晶体受到沿 y 轴方向的压力 F_y 作用时,晶体的变形如图 6-2(c)所示,与图 6-2(b)情况相似,P_1 增大,P_2、P_3 减小,即:$(P_1+P_2+P_3)x<0$。在 x 轴上出现电荷,它的极性为 x 轴正向为负电荷,在 y 轴方向上不出现电荷。当作用力 F_y 的方向相反时,电荷的极性也随之改变。

(4)如果沿 z 轴方向施加作用力,因为晶体在 x 方向和 y 方向所产生的形变完全相同,所以正、负电荷重心保持重合,电偶极矩矢量和等于零。这表明沿 z 轴方向施加作用力,晶体不会产生压电效应。

2. 压电效应的结果

由上述可知:

(1)无论是正或逆压电效应,其作用力(或应变)与电荷(或电场强度)之间呈线性关系;

(2)晶体在哪个方向上有正压电效应,则在此方向上一定存在逆压电效应;

(3)石英晶体不是在任何方向都存在压电效应的。

6.1.3　压电陶瓷

1. 压电陶瓷的极化

压电陶瓷是人工制造的多晶体压电材料。其内部的晶粒有一定的极化方向,在无外电场作用下,晶粒杂乱分布,它们的极化效应被相互抵消,因此,压电陶瓷此时呈中性,即原始的压电陶瓷不具有压电性质[如图 6.3(a)所示]。

当在陶瓷上施加外电场时,晶粒的极化方向发生转动,趋向于按外电场方向排列,从而使材料整体得到极化。外电场越强,极化程度越高,当外电场强度大到使材料的极化达到饱和程度,即所有晶粒的极化方向都与外电场的方向一致时,去掉外电场,材料整体的极化方向基本不变,即出现剩余极化,这时的材料就具有了压电特性[如图 6.3(b)所示]。由此可见,压电陶瓷要具有压电效应,需要有外电场和压力的共同作用。当陶瓷材料受到外力作用时,晶粒发生移动,将引起垂直于极化方向(即外电场方向)的平面上出现极化电荷,电荷量的大小与外力成正比关系。

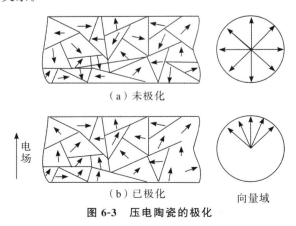

(a)未极化

电场

(b)已极化

向量域

图 6-3　压电陶瓷的极化

这种因受力而产生的由机械效应转变为电效应,将机械能转变为电能的现象,就是压电陶瓷的正压电效应。电荷量的大小与外力成如下的正比关系:

$$q = d_{33}F \tag{6-3}$$

式中,d_{33}为压电陶瓷的压电系数,F为作用力。

压电陶瓷的压电系数比石英晶体大得多(即压电效应更明显),因此用它做成的压电式传感器的灵敏度较高,但稳定性、机械强度等不如石英晶体。

压电陶瓷材料有多种,最早的是钛酸钡($BaTiO_3$),现在最常用的是锆钛酸铅($PbZrO_3$-$PbTiO_3$,简称 PZT,即 Pb、Zr、Ti 三种元素符号的首字母组合)等。前者工作温度较低(最高 70 ℃);后者工作温度较高,且有良好的压电性并得到了广泛应用。

2.压电陶瓷的压电效应

(1)正压电效应。

如果在陶瓷片上加一个与极化方向平行的压力 F,如图 6-4(b)所示,陶瓷片将产生压缩形变,片内的正、负束缚电荷之间的距离变小,极化强度也变小。因此,原来吸附在电极上的自由电荷有一部分被释放,而出现放电荷现象。

当压力撤销后,陶瓷片恢复原状(这是一个膨胀过程),片内的正、负电荷之间的距离变大,极化强度也变大,因此,电极上又吸附一部分自由电荷而出现充电现象。这种由机械效应转变为电效应,或者由机械能转变为电能的现象,就是正压电效应。

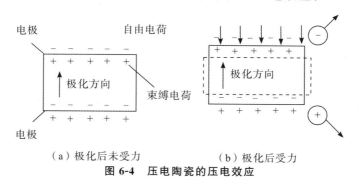

（a）极化后未受力　　　（b）极化后受力

图 6-4　压电陶瓷的压电效应

(2)逆压电效应。

如果在陶瓷片上加一个与极化方向相同的电场,如图 6-5,由于电场的方向与极化强度的方向相同,所以电场的作用使极化强度增大。这时,陶瓷片内的正、负束缚电荷之间距离也相应增大,就是说,陶瓷片沿极化方向产生伸长形变(图中虚线)。

同理,如果外加电场的方向与极化方向相反,则陶瓷片沿极化方向产生缩短形变。这种由于电效应而转变为机械效应或者由电能转变为机械能的现象,就是逆压电效应。

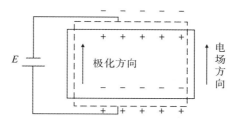

图 6-5　压电陶瓷的逆压电效应

3. 结论

可见,压电陶瓷之所以具有压电效应,是由于陶瓷内部存在自发极化。这些自发极化经过极化工序处理而被迫取向排列后,陶瓷内即存在剩余极化。如果外界的作用(如压力或电场的作用)能使剩余极化发生变化,陶瓷就出现压电效应。

此外,还可以看出,陶瓷内的极化电荷是束缚电荷,而不是自由电荷,这些束缚电荷不能自由移动。所以在陶瓷中产生的放电或充电现象,是通过陶瓷内部极化强度的变化引起电极面上自由电荷的释放或补充的结果。

6.1.4　压电材料的分类与性能参数

1. 压电材料分类

具有压电效应的材料称为压电材料,压电材料能实现机械能和电能相互转换。在自然界中大多数晶体具有压电效应,但压电效应十分微弱。

从压电材料的物理成分上看,压电材料可以划分为四类:

(1)压电晶体,如石英等;

(2)压电陶瓷,如钛酸钡、锆钛酸铅等;

(3)压电半导体,如硫化锌、碲化镉等;

(4)压电聚合物,如聚二氟乙烯等。

2. 对压电材料的特性要求

(1)转换性能:要求具有较大压电常数。

(2)机械性能:压电元件作为受力元件,希望它的机械强度高、刚度大,以期获得宽的线性范围和高的固有振动频率。

(3)电性能:希望具有高电阻率和大介电常数,以减弱外部分布电容的影响并获得良好的低频特性。

(4)环境适应性强:温度和湿度稳定性要好,要求具有较高的居里点,获得较宽的工作温度范围。

(5)时间稳定性:要求压电性能不随时间变化。

3. 压电材料的主要特性参数

(1)压电常数:压电常数是衡量材料压电效应强弱的参数,它直接关系压电输出的灵敏度。

(2)弹性常数:压电材料的弹性常数、刚度决定压电器件的固有频率和动态特性。

(3)介电常数:对于一定形状、尺寸的压电元件,其固有电容与介电常数有关;而固有电容又影响着压电传感器的频率下限。

(4)机械耦合系数:在压电效应中,其值等于转换输出能量(如电能)与输入能量(如机械能)之比的平方根;它是衡量压电材料机电能量转换效率的一个重要参数。

(5)电阻:压电材料的绝缘电阻将减少电荷泄漏,从而改善压电传感器的低频特性。

(6)居里点:压电材料开始丧失压电特性的温度称为居里点。

4. 压电材料的选取

选用合适的压电材料是设计、制作高性能传感器的关键。一般应考虑:转换性能、机械性能、电性能、温度和湿度稳定性、时间稳定性。

6.2 压电式传感器测量电路

6.2.1 压电式传感器的测量特点

压电式传感器的基本原理就是利用压电材料的压电效应这个特性,即当有力作用在压电材料上时,传感器就有电荷(或电压)输出。

1. 测量对象

压电式传感器主要测量力及力的派生物理量(压力、位移、加速度等)。

此外,压电元件在压电传感器中必须有一定的预应力,这样可以保证在作用力变化时,压电片始终受到压力,同时也保证了压电片的输出与作用力的线性关系。

(1)宜用于动态测量。

压电材料上产生的电荷只有在无泄露的情况下才能长期保存。这就要求传感器内部信号电荷无"漏损",外电路负载无穷大,否则电路将以某时间常数按指数规律放电。

由于外力作用而在压电材料上产生的电荷只有在无泄漏的情况下才能保存,即需要测量回路具有无限大的输入阻抗,这实际上是不可能的,因此压电式传感器不能用于静态测量。压电材料在交变力的作用下,电荷可以不断补充,以供给测量回路一定的电流,故适用于动态测量。只能施加交变力,电荷才能得到不断的补充,才能供给回路一定的电流,故只宜做动态测量。

(2)连接高阻前置放大器。

外电路负载也不可能无穷大,只有连接高阻前置放大器,减少晶片的漏电流以减少测量误差。因为压电传感器的绝缘电阻与前置放大器的输入电阻相并联。为保证传感器和测试系统有一定的低频或准静态响应,要求压电传感器绝缘电阻应保持在 $10^{13}\,\Omega$ 以上,才能使内部电荷泄漏减少到满足一般测试精度的要求。与上相适应,测试系统则应有较大的时间常数,亦即前置放大器要有相当高的输入阻抗,否则传感器的信号电荷将通过输入电路泄漏,即产生测量误差。

2. 压电元件的连接形式

单片压电元件产生的电荷量非常微弱,为了提高压电传感器的输出灵敏度,在实际应用中常采用将两片(或两片以上)同型号的压电元件粘结在一起。由于压电材料的电荷是有极性的,因此接法也有两种(图 6-6)。

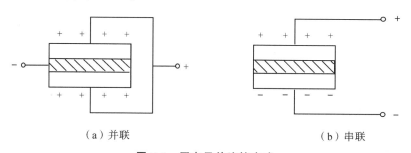

（a）并联   （b）串联

图 6-6 压电元件连接方式

（1）并联接法。

图6-6(a)为并联形式,片上的负极集中在中间极上,中间插入的金属电极成为压电片的负极,正电极在两边的电极上。从电路上看,这种连接方法称为并联法,类似两个电容的并联。其输出电容C'为单片电容C的2倍,但输出电压U'等于单片电压U,极板上电荷量q'为单片电荷量q的2倍,即:

$$q' = 2q; U' = U; C' = 2C \tag{6-4}$$

由于输出电荷量、本身电容大,因此时间常数也大,通常适用于测量慢速信号,并以电荷量作为输出。

（2）串联接法。

图6-6(b)为串联形式,正电荷集中在上极板,负电荷集中在下极板,而中间的极板上产生的负电荷与下片产生的正电荷相互抵消。从电路上看,这种连接方法称为串联法。从图中可知,输出的总电荷q'等于单片电荷q,而输出电压U'为单片电压U的2倍,总电容C'为单片电容C的一半,即:

$$q' = q; U' = 2U; C' = \frac{1}{2}C \tag{6-5}$$

由于输出电压高,本身电容小,因此时间常数也小,通常适用于测量快速信号,并以电压量作为输出,且测量电路输入阻抗很高。

6.2.2　压电式传感器的测量电路

1. 压电式传感器的等效电路

在外力作用下,压电晶片的两个表面产生大小相等、方向相反的电荷,相当于一个以压电材料为介质的电容器。因此,压电式传感器可以看作一个电荷发生器,同时它也是一个电容器,晶体上聚集正、负电荷的两表面相当于电容器的两个极板,极板间物质等效于一种介质,则其电容量为

$$C_a = \frac{\varepsilon_r \varepsilon_0 A}{d} \tag{6-6}$$

式中：A——压电片的面积；

d——压电片的厚度；

ε_r——压电材料的相对介电常数；

ε_0——真空的介电常数,$\varepsilon_0 = 8.85 \times 10^{-12}$ F/m。

因此,压电传感器可以等效为一个与电容C_a相串联的电压源。如图6-7(a)所示,电容器上的电压U_a、电荷量q和电容量C_a三者之间的关系为:

$$U_a = \frac{q}{C_a} \tag{6-7}$$

压电传感器也可以等效为一个电荷源,如图6-7(b)所示。所以,压电传感器的理想的等效电路见图6-7。

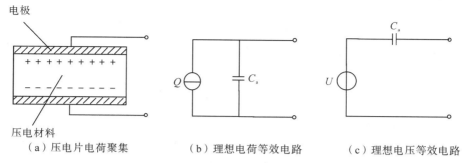

（a）压电片电荷聚集　　　（b）理想电荷等效电路　　　（c）理想电压等效电路

图 6-7　压电元件的理想等效电路

当压电传感器接入测量仪器或测量电路后,必须考虑后续测量电路的输入电容 C_i、连接电缆的寄生等效电容 C_c,以及后续电路(如放大器)的输入电阻 R_i 和压电传感器自身的泄漏电阻 R_a。所以,实际压电传感器在测量系统中的等效电路如图 6-8 所示。

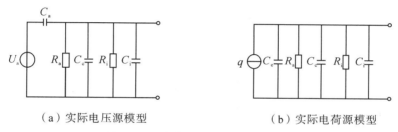

（a）实际电压源模型　　　　　　　（b）实际电荷源模型

图 6-8　压电传感器的实际等效电路

2. 压电式传感器的测量电路

由于压电传感器输出信号很小,本身的内阻很大,输出阻抗很高,因此对它的后续测量电路提出了很高的要求。为了解决这一矛盾,通常需要将传感器的输出接入一个高输入阻抗的前置放大器。经过阻抗变换后再送入普通的放大器进行放大、检波等处理。前置放大器的作用是:一方面把传感器的高输出阻抗变换为低输出阻抗,另一方面是放大传感器输出的微弱信号。压电传感器的输出可以是电压信号,也可以是电荷信号,因此前置放大器也有两种形式:电压放大器和电荷放大器。

(1)电压放大器。

电压放大器实际是一个阻抗变换器,图 6-9(a)是电压放大器的电路原理图,图 6-9(b)是其等效电路图。

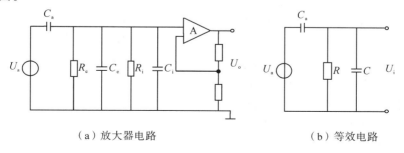

（a）放大器电路　　　　　　　　　（b）等效电路

图 6-9　电压放大器电路原理及其等效电路图

①工作原理解析。

图 6-9 是电压放大器电路原理图及其等效电路。在图 6-9(b)中,电阻 R 是 R_a 和 R_i 的并联,电容 C 是 C_a、C_c、C_i 的并联,电阻 $R＝R_aR_i/(R_a＋R_i)$,电容 $C＝C_c＋C_i$,而 $u_a＝q/C_a$,若压电元件受正弦力 $f＝F_m\sin\omega t$ 的作用,则其电压为

$$\dot{U}_a=\frac{dF_m}{C_a}\sin\omega t=U_m\sin\omega t \tag{6-8}$$

式中:U_m——压电元件输出电压幅值,$U_m＝dF_m/C_a$;

d——压电系数。

由此可得放大器输入端电压 U_i,其复数形式为:

$$\dot{U}_i=df\frac{j\omega R}{1+j\omega R(C_a+C)} \tag{6-9}$$

U_i 的幅值 U_{im} 为

$$U_{im}(\omega)=\frac{dF_m\omega R}{\sqrt{1+\omega^2R^2(C_a+C_c+C_i)^2}} \tag{6-10}$$

输入电压和作用力之间相位差为:

$$\Phi(\omega)=\frac{\pi}{2}-\arctan[\omega(C_a+C_c+C_i)R] \tag{6-11}$$

在理想情况下,传感器电阻 R_a 与前置放大器输入电阻 R_i 都为无限大,即:$\omega(C_a+C_c+C_i)R\gg1$,那么由式(6-10)可知,理想情况下输入电压幅值 U_{im} 为

$$U_{im}=\frac{dF_m}{C_a+C_c+C_i} \tag{6-12}$$

式(6-12)表明前置放大器输入电压 U_{im} 与频率无关。一般认为 $\omega/\omega_0＞3$ 时,就可以认为 U_{im} 与 ω 无关,ω_0 表示测量电路时间常数之倒数,即

$$\omega_0=\frac{1}{(C_a+C_c+C_i)R} \tag{6-13}$$

传感器电压灵敏度为

$$K_U=\frac{U_{im}}{F_m}=\frac{d}{C+C_a}=\frac{d}{C_a+C_c+C_i} \tag{6-14}$$

②线路应用结论。

当作用力是静态力($\omega=0$)时,前置放大器的输入电压为零。其原理决定了压电式传感器不能测量静态物理量。压电式传感器的突出优点是:高频响应相当好。压电传感器与前置放大器之间连接电缆不能随意更换,否则将引入测量误差。

压电式传感器在与电压放大器配合使用时,连接电缆不能太长。电缆长,电缆电容 C_c 就大,电缆电容增大必然使传感器的电压灵敏度降低。电压放大器与电荷放大器相比,电路简单,元件少,价格便宜,工作可靠,但是电缆长度对传感器测量精度的影响较大,在一定程度上限制了压电式传感器在某些场合的应用。

解决电缆问题的办法:将放大器装入传感器中,组成一体化传感器;或者采用电荷放大器,现在通常采用性能稳定的电荷放大器。

(2)电荷放大器。

图 6-10 所示为压电传感器与电荷放大器组成的检测电路的等效电路。

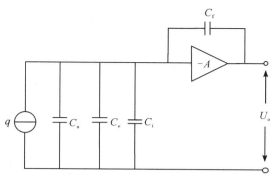

图 6-10　检测电路等效电路

①工作原理解析。

由于运算放大器的输入阻抗很高,其输入端几乎没有分流,故可略去压电式传感器的泄漏电阻 R_a 和放大器输入电阻 R_i 两个并联电阻的影响,将压电式传感器等效电容 C_a、连接电缆的等效电容 C_c、放大器输入电容 C_i 合并为电容 C 后,电荷放大器等效电路如图 6-10 所示。它由一个负反馈电容 C_f 和高增益运算放大器构成。图中 A 为运算放大器的增益。由于负反馈电容工作于直流时相当于开路,对电缆噪声敏感,放大器的零点漂移也较大,因此一般在反馈电容两端并联一个电阻 R_f,其作用是为了稳定直流工作点,减小零漂。R_f 通常为 $10^{10} \sim 10^{14}\ \Omega$,当工作频率足够高时,$1/R_f \ll \omega C_f$,可忽略 $(1+K)\dfrac{1}{R_f}$。反馈电容折合到放大器输入端的有效电容为:

$$C'_f = (1+K)C_f \tag{6-15}$$

由于:

$$\begin{cases} U_i = \dfrac{q}{C_a + C_c + C_i + C'_f} \\ U_o = -K \cdot U_i \end{cases} \tag{6-16}$$

因此其输出电压为:

$$U_o = -\dfrac{Kq}{C_a + C_c + C_i + (1+K)C_f} \tag{6-17}$$

"—"号表示放大器的输入与输出反相。

当 $K \gg 1$(通常 K 为 $10^4 \sim 10^6$),满足 $(1+K)C_f > 10(C_a + C_c + C_i)$ 时,就可将上式近似为:

$$U_o \approx -\dfrac{q}{C_f} = U_{C_f} \tag{6-18}$$

②线路应用结论。

(a)放大器的输入阻抗极高,输入端几乎没有分流,电荷 Q 只对反馈电容 C_f 充电,充电电压 U_{C_f}(反馈电容两端的电压)接近于放大器的输出电压。

(b)电荷放大器的输出电压 U_o 与电缆电容 C_c 近似无关,而与 Q 成正比,这是电荷放大器的突出优点。由于 Q 与被测压力呈线性关系,因此,输出电压与被测压力呈线性关系。

6.3　压电式传感器的应用

图 6-11 列出了一些常见的压电式传感器,有压电式加速度计、压电式测力传感器和压力变送器。

（a）压电式加速度计　（b）压电式测力传感器　（c）压力变送器

图 6-11　压电式传感器的应用

6.3.1　压电式加速度传感器

压电式加速度传感器实物如图 6-12 所示,它的结构一般有纵向效应型、横向效应型和剪切效应型三种。纵向效应型是最常见的,如图 6-13 所示。它主要由压电元件、质量块、弹簧、基座及壳体等组成。整个部件装在外壳内,并用螺栓加以固定。

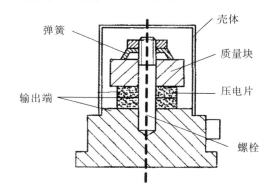

图 6-12　压电式加速度传感器　　　　**图 6-13　压电式加速度传感器结构**

当传感器感受振动时,质量块感受与传感器基座相同的振动;当加速度传感器和被测物一起受到冲击振动时,压电元件受质量块与加速度方向相反的惯性力的作用,根据牛顿第二定律,此惯性力是加速度的函数,即:

$$F = ma \tag{6-19}$$

式中:F——质量块产生的惯性力;

m——质量块的质量;

a——加速度。

同时,惯性力 F 作用于压电元件上,因而产生电荷 q,当传感器选定后,m 为常数,则传感器输出电荷为:

$$q = d_{11}F = d_{11}ma \tag{6-20}$$

$$a = \frac{q}{d_{11}m} \tag{6-21}$$

可见,输出电荷 q 与加速度 a 成正比。因此,测得加速度传感器输出的电荷便可知加速度的大小。

此式表明电荷量直接反映加速度大小。其灵敏度与压电材料压电系数和质量块质量有关。为了提高传感器灵敏度,一般选择压电系数大的压电陶瓷片。若增加质量块质量,会影响被测振动,同时会降低振动系统的固有频率。因此,一般不用增加质量的办法来提高传感器灵敏度。此外,增加压电片数目和采用合理的连接方法也可提高传感器灵敏度。

输出电量由传感器输出端引出,输入前置放大器后就可以用普通的测量仪器测出试件的加速度,如在放大器中加进适当的积分电路,就可以测出试件的振动速度或位移。

6.3.2　压电式测力传感器

根据使用要求不同,压电式测力传感器有各种不同的结构形式,但它们的基本原理相同。单向压电式测力传感器的结构如图 6-14 所示,它主要由石英晶片、绝缘套、电极、上盖及基座等组成。

传感器上盖为传力元件,它的外缘壁厚为 0.1~0.5 mm。当外力作用时,它将产生弹性变形,将力传递到石英晶片上。石英晶片采用 xy 切型,利用其纵向压电效应,通过 d_{11} 实现力—电转换。

当膜片受到压力 F 作用后,则在压电晶片上产生电荷。在一个压电片上所产生的电荷 q 为:

$$q = d_{11}F \tag{6-22}$$

式中,F 为作用于压电片上的力,d_{11} 为压电系数。

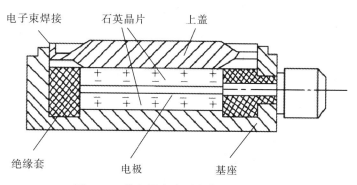

图 6-14　单向压电式测力传感器结构图

石英晶片的尺寸为 $\varphi 8$ mm×1 mm。该传感器的测力范围为 0~50 N,最小分辨率为 0.01 N,绝缘阻抗 $2×10^{14}$ Ω,固有频率 50~60 kHz,整个传感器重 10 g,绝缘套用于绝缘和定位。该传感器可用于机床动态切削力的测量。

6.3.3　PVDF 压电薄膜

PVDF(聚偏氟乙烯)是有机高分子敏感材料,具有很强的压电特性。主要优点是:高的压电灵敏度,比石英高 10 多倍;频率响应宽,为 $1×10^{-5}$~$5×10^{8}$ Hz;韧性和加工性能好,易切割,易制成大面积元件和阵列元件;声阻抗与水和人体肌肉接近,可做水听器和医用传感元件。

(1)PVDF 血压传感器:圆柱体纵切形状,与上腕部动脉沟吻合,使用方便。

(2)机器人触觉传感器:同时具有压电效应和热释电效应,薄膜柔软,可做成大面积传感阵列器件。

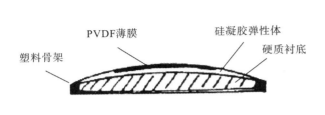

图 6-15　血压传感器结构图

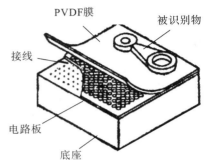

图 6-16　PVDF 机器人触觉传感器

思 考 题

6-1　什么是压电效应?以石英晶体为例说明压电晶体是怎样产生压电效应的?

6-2　常用的压电材料有哪些?各有哪些特点?

6-3　压电式传感器能否用于静态测量?为什么?

6-4　某压电式压力传感器的灵敏度为 8×10^{-4} pC/Pa,假设输入压力为 300 kPa 时的输出电压是 1 V,试确定传感器总电容量。

6-5　用压电式加速度计及电荷放大器测量振动,若传感器灵敏度为 7 pC/g(g 为重力加速度),电荷放大器灵敏度为 100 mV/pC,试确定输入 $3g$ 加速度时系统的输出电压。

6-6　压电式传感器测量电路的作用是什么?其核心是解决什么问题?

6-7　一压电式传感器的灵敏度 $K_1 = 10$ pC/mPa,连接灵敏度 $K_2 = 0.008$ V/pC 的电荷放大器,所用的笔式记录仪的灵敏度 $K_3 = 25$ mm/V,当压力变化 $\Delta p = 8$ mPa 时,记录笔在记录纸上的偏移为多少?

6-8　某加速度计的校准振动台能作 50 Hz 和 1g 的振动,今有压电式加速度计出厂时标出灵敏度 $K = 100$ mV/g,由于测试要求需加长导线,因此要重新标定加速度计灵敏度。假定所用的阻抗变换器放大倍数为 1,电压放大器放大倍数为 100,标定时晶体管毫伏表上指示为 9.13 V。试画出标定系统的框图,并计算加速度计的电压灵敏度。

第 7 章　磁电式传感器

对磁场参量(如磁感应强度 B、磁通 φ)敏感、通过磁电作用将被测量(如振动、位移、转速等)转换为电信号的器件或装置称为磁电式传感器。磁电作用主要分为电磁感应和霍尔效应两种情况,相应的磁电式传感器主要有利用电磁感应的磁电感应式传感器和利用霍尔效应的霍尔式传感器两种。

7.1　磁电感应式传感器

磁电感应式传感器又称感应式或电动式传感器,是利用电磁感应原理将被测量(如振动、位移、转速等)转换成电信号的一种传感器。它不需要辅助电源,就能把被测对象的机械量转换成易于测量的电信号,是一种有源传感器。

特点是:电路简单,性能稳定,输出功率大,输出阻抗小,具有一定的工作带宽(10～1000 Hz)。磁电感应式传感器被广泛用于转速、振动、位移、扭矩等的测量中。

7.1.1　工作原理

(1)当导体在稳恒均匀磁场中沿垂直于磁场的方向运动时,导体内产生的感应电势为

$$e = \left| \frac{\mathrm{d}\varphi}{\mathrm{d}t} \right| = Bt\, \frac{\mathrm{d}x}{\mathrm{d}t} = Blv \tag{7-1}$$

式中:B——稳恒均匀磁场的磁感应强度;

　　l——导体的有效长度;

　　v——导体相对磁场的运动速度。

(2)当一个 N 匝线圈相对静止地处于随时间变化的磁场中时,设穿过线圈的磁通为 φ,则线圈内的感应电势 e 为

$$e = -N\, \frac{\mathrm{d}\varphi}{\mathrm{d}t} \tag{7-2}$$

7.1.2　结构

根据以上原理,我们可以用改变磁通的方法产生感应电动势,也可以用线圈在恒定磁场中切割磁力线的方法产生感应电动势。因此,磁电感应式传感器可以设计成两种结构:恒磁通式和变磁通式(又称磁阻式)。

1. 恒磁通式磁电传感器

在恒磁通式传感器中,工作气隙中的磁通保持不变,而线圈中的感应电动势是由于工作气隙中的线圈与磁钢之间做相对运动,线圈切割磁力线产生的。其值与相对运动速度成正比。它分成动圈式和动铁式两种结构类型,分别如图 7-1(a)和图 7-1(b)所示。

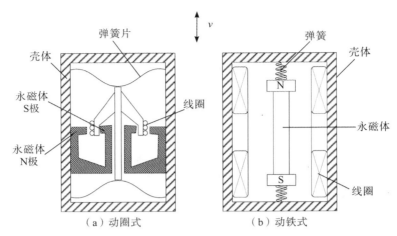

图 7-1　恒磁通磁电感应式传感器结构

图 7-1 为恒磁通式磁电传感器典型结构，它由永久磁铁、线圈、弹簧、壳体等组成。

磁路系统产生恒定的直流磁场，磁路中的工作气隙固定不变，因而气隙中磁通也是恒定不变的。其运动部件可以是线圈（动圈式），也可以是磁铁（动铁式），动圈式[图 7-1(a)]和动铁式[图 7-1(b)]的工作原理是完全相同的。

当壳体随被测振动体一起振动时，由于弹簧较软，运动部件质量相对较大。当振动频率足够高（远大于传感器固有频率）时，运动部件惯性很大，来不及随振动体一起振动，近乎静止不动，振动能量几乎全被弹簧吸收，永久磁铁与线圈之间的相对运动速度接近于振动体振动速度，磁铁与线圈的相对运动切割磁力线，从而产生感应电势。

2. 变磁通式磁电传感器

变磁通式传感器主要是靠改变磁路的磁通 φ 的大小来进行测量的，即通过改变测量磁路中气隙的大小改变磁路的磁阻，从而改变磁路的磁通。

图 7-2 所示是一种变磁通式磁电传感器，用来测量旋转物体的角速度，称为磁电式转速传感器。

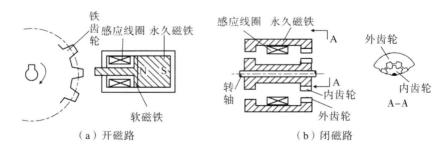

（a）开磁路　　　　　　　　　　（b）闭磁路

图 7-2　变磁通式磁电感应式传感器结构

根据线圈和磁铁安装的位置不同，其磁路也不同，因此，可以划分为开磁路式和闭磁路式。

（1）开磁路变磁通式。

图 7-2(a)所示的磁电式转速传感器为开磁路变磁通式，主要由两部分组成：第一部分是

固定部分,包括磁铁、感应线圈、用软铁制成的极靴(又称极掌);第二部分是可动部分,主要是传感齿轮,它由铁磁材料制成,安装在被测轴上,随轴转动。每转动一个齿,齿轮的齿顶和齿谷交替经过极靴。极靴与齿轮之间的气隙交替变化,引起磁场中磁路磁阻的改变,使得通过线圈的磁通也交替变化,从而导致线圈两端产生感应电动势。传感齿轮每转过一个齿,感应电动势对应经历一个周期,线圈中产生的感应电势的变化频率等于被测转速与测量齿轮齿数的乘积。这种传感器结构简单,但输出信号较小,且因高速轴上加装齿轮较危险,因而不宜用于高转速的测量。

(2)闭磁路变磁通式。

图 7-2(b)为闭磁路变磁通式,它由装在转轴上的内齿轮、外齿轮、永久磁铁和感应线圈组成,内、外齿轮齿数相同。当转轴连接到被测转轴上时,外齿轮不动,内齿轮随被测轴转动,内、外齿轮的相对转动使气隙磁阻产生周期性变化,从而引起磁路中磁通的变化,使线圈内产生周期性变化的感生电势。显然,感应电势的频率与被测转速成正比。

7.1.3　特性

磁电感应式传感器的特性是指传感器电气输出特性、电气输出灵敏度和误差分析。

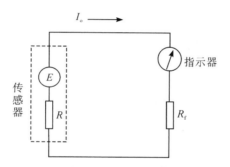

图 7-3　磁电感应式传感器测量等效电路

1. 电流输出特性和电流灵敏度

当测量电路接入磁电传感器电路时:

(1)磁电感应式传感器的输出电流为:

$$I_0 = \frac{E}{R+R_f} = \frac{NBLv}{R+R_f} \tag{7-3}$$

式中,R_f 为测量电路输入电阻,R 为线圈等效电阻。

(2)传感器的电流灵敏度为:

$$S_I = \frac{I_0}{v} = \frac{NBL}{R+R_f} \tag{7-4}$$

2. 电压输出特性和电压灵敏度

(1)磁电传感器的输出电压为:

$$U_o = I_0 R_f = \frac{NBLvR_f}{R+R_f} \tag{7-5}$$

(2)传感器的电压灵敏度为

$$S_U = \frac{U_o}{v} = \frac{NBLR_f}{R+R_f} \tag{7-6}$$

B 值大,灵敏度也大,因此要选用 B 值大的永磁材料;线圈的平均长度大也有助于提高灵敏度,但这是有条件的,要考虑两种情况:

①线圈电阻与指示器电阻匹配问题。因传感器相当于一个电压源,为使指示器从传感器获得最大功率,必须使线圈的电阻等于指示器的电阻。

②线圈的发热问题。传感器线圈产生感应电动势,接上负载后,线圈中有电流流过而发热。

3. 磁电感应式传感器的误差分析。

当传感器的工作温度发生变化或受到外界磁场干扰、受到机械振动或冲击时,其灵敏度将发生变化,从而产生测量误差,其电流灵敏度和电压灵敏度的相对误差分别为:

$$\gamma_I = \frac{dS_I}{S_I} = \frac{dB}{B} + \frac{dL}{L} - \frac{dR}{R} \tag{7-7}$$

$$\gamma_U = \frac{dS_U}{S_U} = \frac{dB}{B} + \frac{dL}{L} - \frac{dR}{R} \tag{7-8}$$

即其测量误差来源于 B、L、R 三个方面。

(1)非线性误差

磁电式传感器产生非线性误差的主要原因是:当磁电式传感器在进行测量时,传感器线圈会有电流流过,这时线圈会产生一定的交变磁通,此交变磁通会叠加在永久磁铁产生的传感器工作磁通上,导致气隙磁通变化,如图 7-4 所示。

这种影响分为两种情况:附加电场与工作电场方向相同(灵敏度增大),或反之。

当传感器线圈相对于永久磁铁磁场的运动速度增大时,将产生较大的感生电势 E 和较大的电流 I,由此而产生的附加磁场方向与原工作磁场方向相反,减弱了工作磁场的作用,从而使得传感器的灵敏度随着被测速度的增大而降低。

当线圈的运动速度与图 7-4 所示方向相反时,感生电势、线圈感应电流反向,所产生的附加磁场方向与工作磁场同向,从而提高了传感器的灵敏度。

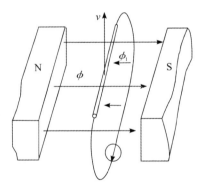

图 7-4　传感器电流的磁场效应

其结果是线圈运动速度方向不同时,传感器的灵敏度具有不同的数值,使传感器输出基波能量降低,谐波能量增加。即这种非线性同时伴随着传感器输出的谐波失真。显然,传感器灵敏度越高,线圈中电流越大,这种非线性越严重。

(2)温度误差

当温度变化时,式(7-7)和式(7-8)中右边三项都不为零。

对铜线而言,每摄氏度变化量为 $dL/L \approx 0.167 \times 10^{-4}$,$dR/R \approx 0.43 \times 10^{-2}$,$dB/B$ 每摄氏度的变化量取决于永久磁铁的磁性材料(对于铝镍钴永久磁合金,$dB/B \approx -0.02 \times 10^{-2}$),这样由式(7-7)和(7-8)可得近似值:

$$\gamma \approx -4.5\%/10\ ℃$$

这一数值是很可观的,所以需要进行温度补偿。

补偿通常采用热磁分流器。热磁分流器由具有很大负温度系数的特殊磁性材料做成。它在正常工作温度下已将空气隙磁通分掉一小部分。当温度升高时,热磁分流器的磁导率显著下降,经它分流掉的磁通占总磁通的比例较正常工作温度下显著降低,从而保持空气隙的工作磁通不随温度变化,维持传感器灵敏度为常数。

7.1.4　测量电路

磁电感应式传感器可以直接输出感应电势信号,且磁电感应式传感器通常具有较高的灵敏度,所以不需要高增益放大器。但磁电感应式传感器只用于测量动态量,可以直接测量振动物体的线速度 $v=\dfrac{\mathrm{d}x}{\mathrm{d}t}$ 或旋转体的角速度。如果在其测量电路中接入积分电路或微分电路,那么还可以测量位移或加速度。图 7-5 是磁电感应式传感器的一般测量电路方框图。

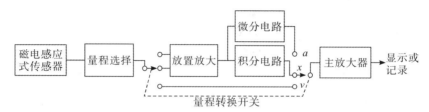

图 7-5　磁电式传感器测量电路方框图

7.1.5　应用举例

1. 汽车安全气囊磁电式传感器

传感器结构如图 7-6 所示,它由外壳(非磁性材料)、磁性材料、惯性体(非磁性材料)、连接在惯性体上的软铁、支持和调节位移幅值的弹簧、安装在与外壳连接的凸柱内的永久磁铁和绕制在软铁上的线圈及引线组成。当传感器具有加速度 a 时,惯性体产生一反向加速度,导致通过线圈的磁通量发生变化,在线圈引线两端产生钟形脉冲信号。当调整弹簧刚度时,可改变加速度信号的宽度。

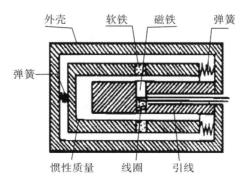

图 7-6　汽车安全气囊磁电式传感器结构

此传感器可安装在汽车任何位置,通过调整某些参数,识别峰值为 $0\sim588$ m/s^2 和时间脉宽为 $0\sim20$ ms 的碰击加速度信号,在加速度峰值和时间脉宽同时满足要求的条件下,为气囊输出一触发信号,打开空气发生器,使气囊充气对人进行保护。

　　2. 电磁流量计

　　电磁流量计是根据电磁感应原理制成的一种流量计,用来测量导电液体的流量,属于恒磁通式。电磁流量计的结构如图 7-7 所示。其工作原理如图 7-8 所示,它由产生均匀磁场的磁路系统、用不导磁材料制成的管道及在管道横截面上的导电电极组成,要求磁场方向、电极连线和管道轴线三者在空间上互相垂直。

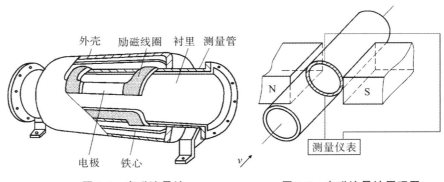

图 7-7　电磁流量计　　　　图 7-8　电磁流量计原理图

　　当被测导电液体流过管道时,切割磁力线,在和磁场及流动方向垂直的方向上产生感应电动势 E,其值与被测流体的流速成正比,即:

$$E = BDv \tag{7-9}$$

式中:B——磁感应强度(T);

　　D——管道内径(m);

　　v——流体的平均流速(m/s)。

　　相应地,流体的体积流量可表示为:

$$q_v = \frac{\pi D^2}{4} v = \frac{\pi DE}{4B} = KE \tag{7-10}$$

式中,$K = \dfrac{\pi D}{4B}$ 为仪表常数,对于某一个确定的电磁流量计,该常数为定值。

7.2　霍尔式传感器

　　霍尔式传感器是基于霍尔效应的一种传感器。1879 年,美国物理学家霍尔首先在金属材料中发现了霍尔效应,但由于金属材料的霍尔效应太弱而没有得到应用。随着半导体技术的发展,开始用半导体材料制成霍尔元件,由于它的霍尔效应显著而得到应用和发展。霍尔传感器广泛用于电磁测量,以及压力、加速度、振动等方面的测量。

7.2.1　霍尔效应

在置于磁场中的导体或半导体内通入电流,若电流与磁场垂直,则在与磁场和电流都垂直的方向上会出现电势差,这种现象称为霍尔效应。

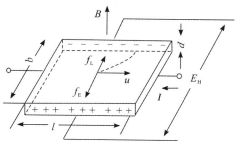

图 7-9　霍尔效应原理图

如图 7-9 所示,在一块长度为 l、宽度为 b、厚度为 d 的长方形导电板上,两对垂直侧面各装上电极,如果在长度方向通入控制电流 I,在厚度方向施加磁感应强度为 B 的磁场时,那么导电板中的自由电子在电场作用下定向运动,此时,每个电子受到洛伦兹力 f_L 的作用,f_L 大小为:

$$f_L = eBv \tag{7-11}$$

式中:e——单个电子的电荷量,$e = 1.6 \times 10^{-19}$ C;

　　　B——磁场感应强度;

　　　v——电子平均运动速度。

电子除了沿电流反方向作定向运动外,还在 f_L 作用下向里漂移,结果在导电板底面积累了电子,而外表面积累了正电荷,将形成附加内电场 E_H,称为霍尔电场。当在金属体内电子积累达到动态平衡时,电子所受洛伦兹力和电场力大小相等,即 $eE_H = eBv$,因此有:

$$E_H = vB \tag{7-12}$$

则相应的电动势就称为霍尔电势 U_H,其大小可表示为:

$$U_H = E_H b \tag{7-13}$$

式中 b 为导电板宽度。

当电子浓度为 n,电子定向运动平均速度为 v 时,激励电流 $I = nevbd$,即

$$v = \frac{I}{nebd} \tag{7-14}$$

对于不同的材料,可得出表 7-1 所示霍尔效应的特征量。

表 7-1　不同半导体材料霍尔效应的特征量

特征量	半导体材料	
	N 型	P 型
电流 I	$-nevbd$	$nevbd$
霍尔电势 U_H	$-\dfrac{IB}{ned}$	$\dfrac{IB}{ned}$
霍尔系数 R_H	$-\dfrac{1}{ne}$	$\dfrac{1}{ne}$
霍尔灵敏度 K_H	$-\dfrac{1}{ned}$	$\dfrac{1}{ned}$

霍尔电势与霍尔系数或霍尔灵敏度的关系可表示为:

$$U_H = R_H \frac{IB}{d} = K_H IB \tag{7-15}$$

霍尔灵敏度 K_H 表征了一个霍尔元件在单位控制电流和单位磁感应强度时产生的霍尔电势的大小。

式(7-15)给出的霍尔电势是用控制电流来表示的,在霍尔器件的使用中,电源电压是一常量 U_C,由于 $U_C = El$,而载流子在电场中的平均迁移速度为:

$$v = \mu E \tag{7-16}$$

式中:μ 为在单位电场强度下载流子的迁移速率。

联立式(7-14)、式(7-15)和 $U_C = El$,得:

$$U_H = \frac{\mu b U_C B}{l} \tag{7-17}$$

由上面的推导可知:

①霍尔电势 U_H 的大小正比于激励电流 I 和磁感应强度 B 的乘积。

②霍尔元件的灵敏度 K_H 是表征在单位磁感应强度和单位控制电流时输出霍尔电压大小的重要参数。

③霍尔元件的灵敏度 K_H 与霍尔常数 R_H 成正比,而与霍尔片厚度 d 成反比。

④当控制电流方向或磁场方向改变时,输出电动势方向也将改变。

为了提高霍尔式传感器的灵敏度,霍尔元件常制成薄片形状,一般来说霍尔元件的厚度 d 在 $0.1 \sim 0.2$ mm(通常 $b = 4$ mm,$l = 2$ mm),薄膜型霍尔元件的厚度只有 $1 \mu m$ 左右。根据表 7-1 的灵敏度定义可以知道霍尔元件的灵敏度与载流子浓度成反比。由于金属的自由电子浓度过高,所以不适于用来制作霍尔元件。制作霍尔元件一般采用 N 型半导体材料。

一般金属材料载流子迁移率很高,但电阻率很小;而绝缘材料电阻率极高,但载流子迁移率极低。故只有半导体材料适于制造霍尔元件。

目前常用的霍尔元件材料有锗、硅、砷化铟、锑化铟等半导体材料。其中:

①N 型锗容易加工制造,其霍尔系数、温度性能和线性度都较好。

②N 型硅的线性度最好,其霍尔系数、温度性能同 N 型锗相近。

③锑化铟对温度最敏感,尤其在低温范围内温度系数大,但在室温时其霍尔系数较大。

④砷化铟的霍尔系数较小,温度系数也较小,输出特性线性度好。

7.2.2 霍尔元件

1. 霍尔元件基本结构

霍尔元件的结构比较简单,它由霍尔元件、4 根引线和壳体三部分组成。霍尔元件是一块矩形半导体单晶薄片,在长度方向焊有两根控制电流端引线 a 和 b,它们在薄片上的焊点称为激励电极;在薄片另两侧端面的中央以点的形式对称地焊有 c 和 d 两根输出引线,它们在薄片上的焊点称为霍尔电极。霍尔元件的外形、结构和电路符号如图 7-10 所示。

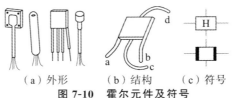

（a）外形　　　（b）结构　　　（c）符号

图 7-10　霍尔元件及符号

2. 霍尔元件的误差及其补偿

(1)不等位电势和不等位电阻及其补偿

当激励电流为 I 时,$B=0$,则 $U_H=K_HIB=0$,但实际 U_H 不为 0,称为不等位电势。产生这一现象的原因有:霍尔电极安装位置不对称或不在同一等电位面上,半导体材料不均匀造成电阻率不均匀或是几何尺寸不均匀,激励电极接触不良造成激励电流不均匀分布等。

不等位电势也可用不等位电阻表示:

$$r_0=\frac{U_o}{I_H} \tag{7-18}$$

式中,U_o 为不等位电势,r_0 为不等位电阻,I_H 为激励电流。

分析不等位电势时,可以把霍尔元件等效为一个电桥,用分析电桥平衡来补偿不等位电势。

不等位电势与霍尔电势具有相同的数量级,有时甚至超过霍尔电势,而实用中要消除不等位电势是极其困难的,因而必须采用补偿的方法。由于不等位电势与不等位电阻是一致的,可以采用分析电阻的方法来找到不等位电势的补偿方法。

在图 7-11 中,a、b 为激励电极,c、d 为霍尔电极。在理想情况下,极分布电阻 R_1、R_2、R_3、R_4 相等,即 $R_1=R_2=R_3=R_4$,电桥平衡,即可使零位电势为零(或零位电阻为零)。

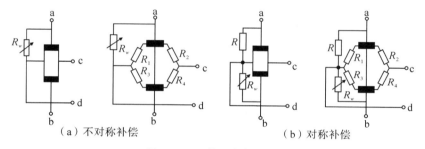

（a）不对称补偿　　　　　　　　（b）对称补偿

图 7-11　不等位电势补偿

实际上,由于 a、b 电极不在同一等位面上,此四个电阻阻值不相等,电桥不平衡,不等位电势不等于零。此时可根据 a、b 两点电位的高低,判断应在某一桥臂上并联一定的电阻,使电桥达到平衡,从而使不等位电势为零。

(2)温度误差及其补偿

霍尔元件是采用半导体材料制成的,因此它们的许多参数都具有较大的温度系数。当温度变化时,霍尔元件的载流子浓度、迁移率、电阻率及霍尔系数都将发生变化,从而使霍尔元件产生温度误差。为了减小霍尔元件的温度误差,除选用温度系数小的元件或采用恒温措施外,由 $U_H=K_HIB$ 可看出:采用恒流源供电是一种有效措施,可以使霍尔电势稳定。但也只能是减小由于输入电阻随温度变化所引起的激励电流 I 的变化的影响。霍尔元件的灵敏度 K_H 也是温度的函数,它随温度变化将引起霍尔电势的变化。霍尔元件的灵敏度系数与温度的关系可写成:

$$K_H=K_{H0}(1+\gamma\Delta T) \tag{7-19}$$

式中:K_{H0}——温度为 T_0 时的 K_H 值;

$\Delta T=T-T_0$——温度变化量;

γ——霍尔电势温度系数。

大多数霍尔元件的温度系数 a 是正值,其霍尔电势随温度升高而增加 $a\Delta T$ 倍。但如果同时让激励电流 I_s 相应地减小,并能保持 $K_H I_s$ 乘积不变,也就抵消了灵敏度 K_H 增加的影响。图 7-13 就是按此思路设计的一个简单且补偿效果较好的补偿电路。电路中 I_s 为恒流源,分流电阻 R_P 与霍尔元件的激励电极相并联。当霍尔元件的输入电阻随温度升高而增加时,旁路分流电阻 R_P 自动地增大分流,减小霍尔元件的激励电流 I_H,从而达到补偿的目的。

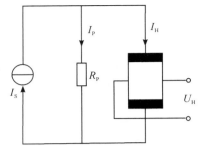

图 7-12   恒流温度补偿电路

在图 7-12 所示的温度补偿电路中,设初始温度为 T_0,霍尔元件输入电阻为 R_{I0},灵敏度为 K_{H0},分流电阻为 R_{P0},则

$$I_{H0}=\frac{R_{P0}I}{R_{P0}+R_{I0}} \tag{7-20}$$

当温度升至 T 时,电路中各参数变为

$$R_1=R_{I0}(1+\alpha\Delta T) \tag{7-21}$$

$$R_P=R_{P0}(1+\beta\Delta T) \tag{7-22}$$

式中,α 为霍尔元件输入电阻温度系数,β 为分流电阻温度系数。那么

$$I_H=\frac{R_P I}{R_1+R_P}=\frac{R_{P0}(1+\beta\Delta T)I}{R_{I0}(1+\alpha\Delta T)+R_{P0}(1+\beta\Delta T)} \tag{7-23}$$

虽然温度升高了 ΔT,为使霍尔电势不变,补偿电路必须满足升温前、后的霍尔电势不变,即 $U_{H0}=U_H$,也即 $K_{H0}I_{H0}B=K_H I_H B$,从而得到

$$K_{H0}I_{H0}=K_H I_H \tag{7-24}$$

将式(7-19)、式(7-20)、式(7-23)代入式(7-24),经整理并略去 α、β、$(\Delta T)^2$ 高次项后得

$$R_{P0}=\frac{(\alpha-\beta-\gamma)R_{I0}}{\gamma} \tag{7-25}$$

当霍尔元件选定后,它的输入电阻 R_{I0} 和霍尔电势温度系数 γ 及霍尔元件输入电阻温度系数 α 是确定值。由式(7-25)即可计算出分流电阻 R_{P0} 及所需的分流电阻温度系数 β 值。为了满足 R_{P0} 及 β 两个条件,分流电阻可取温度系数不同的两种电阻的串、并联组合,这样虽然麻烦但效果很好。

7.2.3   测量电路

霍尔式传感器的基本测量电路如图 7-13 所示,电源 E 提供激励电流,可变电阻 R_P 用于调节激励电流 I 的大小,R_L 为输出霍尔电势 U_H 的负载电阻,一般用于表征显示仪表、记录装置或放大器的输入阻抗。

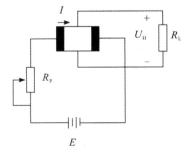

图 7-13   霍尔式传感器的基本测量电路

7.2.4　应用举例

1. 霍尔式微位移传感器

按被检测的对象的性质可分为直接应用和间接应用两种：

(1)直接应用:直接检测出受检对象本身的磁场或磁特性(如高斯计等)。

(2)间接应用:检测受检对象上人为设置的磁场,用这个磁场来做被检测的信息的载体,通过它将许多非电、非磁的物理量,例如力、位移、速度以及工作状态发生变化的时间等,转变成电量来进行检测和控制。

微位移测量原理及其输出特性如图 7-14 所示。

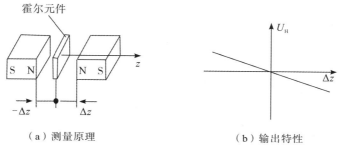

（a）测量原理　　　　　　　（b）输出特性

图 7-14　微位移测量原理及其输出特性

可见霍尔电势与位移量 Δz 呈线性关系,并且霍尔电势的极性还反映霍尔元件的移动方向。

2. 霍尔式压力传感器

霍尔式压力传感器由霍尔元件、磁钢、波登管和基座等部分组成。磁系统最好用能构成均匀梯度磁场的复合系统。加上压力后,磁系统和霍尔元件间产生相对位移,作用到霍尔元件上的磁场改变,从而它的输出电压 V_H 改变。由事先校准的 $p \sim f(V_H)$ 曲线即可得到被测压力 p 的值。霍尔式压力传感器结构原理如图 7-15 所示。

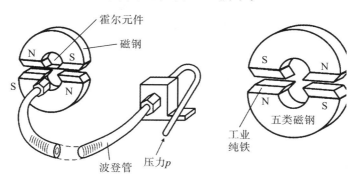

图 7-15　霍尔式压力传感器结构原理

3. 霍尔式转速传感器

利用霍尔元件的开关特性可以实现对转速的测量。如图 7-16 所示,在被测非磁性材料的旋转体上粘贴一对或多对永磁体,其中图 7-16(a)是永磁体粘在旋转体盘面上,图 7-16(b)是永磁体粘在旋转体盘侧。导磁体霍尔元件组成的测量头置于永磁体附近,当被测物以角速度 ω 旋转,每个永磁体通过测量头时,霍尔元件上就会产生一个相应的脉冲,测量单位时间内的脉冲数目,就可以推出被测物的旋转速度。

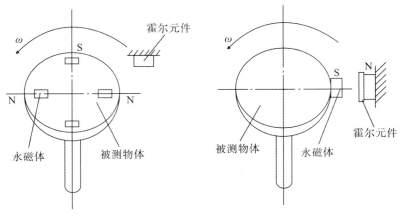

（a）永磁体位于旋转体盘面　　　　　　（b）永磁体位于旋转体侧

图 7-16　霍尔式转速传感器测量原理

设旋转体上固定有 n 个永磁体,采样时间 t（单位:s）内霍尔元件送入数字频率计的脉冲数为 N,则转速（单位:r/s）为:

$$r = \frac{N/n}{t} = \frac{N}{tn} \tag{7-26}$$

<h1 style="text-align:center">思考题</h1>

7-1　说明磁电式传感器的基本工作原理。

7-2　试通过转速测量系统的实例说明磁电式转速传感器的应用。

7-3　磁电式振动传感器与磁电式转速传感器在工作原理上有什么区别?

7-4　请设计一种霍尔式液位控制器,要求:

（1）画出磁路系统示意图;

（2）画出电路原理简图;

（3）简要说明其工作原理。

7-5　什么是霍尔效应?

7-6　为什么导体材料和绝缘体材料均不宜做成霍尔元件?

7-7　为什么霍尔元件一般采用 N 型半导体材料?

7-8　霍尔灵敏度与霍尔元件厚度之间有什么关系?

7-9　什么是霍尔元件的温度特性? 如何进行补偿?

7-10　霍尔传感器有什么特点?

7-11　写出你认为可以用霍尔式传感器来检测的物理量。

7-12　设计一个采用霍尔式传感器的液位控制系统。要求画出磁路系统示意图和电路原理简图,并简要说明其工作原理。

7-13　通过一个实例说明开关型集成霍尔式传感器的应用。

第 8 章　光电式传感器

光电式传感器(或称光敏传感器)是利用光电器件把光信号转换成电信号(电压、电流、电荷、电阻等)的装置。光电式传感器工作时,先将被测量转换为光量的变化,然后通过光电器件把光量的变化转换为相应的电量变化,从而实现对非电量的测量。

光电式传感器一般由光源、光学通路和光电元件三部分组成。光电检测方法具有精度高、反应快、非接触等优点,而且可测参数多,传感器的结构简单,形式灵活多样。

光电式传感器可以直接检测光信号,还可以间接测量温度、压力、位移、速度、加速度等。虽然它是发展较晚的一类传感器,但其发展速度快,应用范围广,具有很大的应用潜力。

8.1　光电效应

光子是具有能量的粒子,每个光子的能量可表示为:

$$E = hv_0 \tag{8-1}$$

式中:h——普朗克常数(6.626×10^{-34} J·s);

　　　v_0——光的频率。

根据爱因斯坦假设,一个光子的能量只给一个电子。因此,如果一个电子要从物体中逸出,必须使光子能量 E 大于表面逸出功 A_0,这时,逸出表面的电子具有的动能可用光电效应方程表示为:

$$E_k = \frac{1}{2}mv^2 = hv_0 - A_0 \tag{8-2}$$

式中:m——电子的质量;v—电子逸出的初始速度。

根据光电效应方程,当光照射在某些物体上时,光能量作用于被测物体而释放出电子,即物体吸收具有一定能量的光子后所产生的电效应,就是光电效应。光电效应中所释放出的电子叫光电子,能产生光电效应的敏感材料称作光电材料。根据光电效应可以做出相应的光电转换元件,简称光电器件或光敏器件,它是构成光电式传感器的主要部件。

根据光电效应现象的不同特征,可将光电效应分为三类:外光电效应、内光电效应和光生伏特效应。

8.1.1　外光电效应

在光线作用下,电子逸出物体表面向外发射称外光电效应。如果光子的能量 E 大于电子的逸出功 A_0,超出的能量表现在电子逸出动能,电子逸出物体表面,产生光电子发射。能否产生光电效应,取决于光子的能量是否大于物体表面的电子逸出功。

根据外光电效应制作的光电器件有光电管和光电倍增管。

8.1.2 内光电效应

入射光强改变物质导电率的物理现象称光电导效应。几乎所有高电阻率的半导体都有这种效应,这是由于在入射光线作用下,电子吸收光子能量,电子从价带被激发到导带上,过渡到自由状态,同时价带也因此形成自由空穴,使导带的电子和价带的空穴浓度增大,引起电阻率减少。为使电子从价带激发到导带,入射光子的能量 E_0 应大于禁带宽度 E_g。

基于光电导效应的光电器件有光敏电阻、光敏二极管、光敏三极管。

光生伏特效应是半导体材料吸收光能后,在 PN 结上产生电动势的效应。

不加偏压的 PN 结:当光照射在 PN 结时,如果电子能量大于半导体禁带宽度($E_0 > E_g$),可激发出电子-空穴对,在 PN 结内电场作用下,空穴移向 P 区,电子移向 N 区,使 P 区和 N 区之间产生电压,这个电压就是光生伏特效应产生的光生电动势。基于这种效应的器件有光电池。

处于反偏的 PN 结:无光照时,P 区电子和 N 区空穴很少,反向电阻很大,反向电流很小;当有光照时,光子能量足够大,产生光生电子-空穴对,在 PN 结电场作用下,电子移向 N 区,空穴移向 P 区,形成光电流,电流方向与反向电流一致,并且光照越大,光电流越小。利用该效应可制成各类光电池。

8.2 光电器件

8.2.1 外光电效应型光电器件

光电管和光电倍增管同属于用外光电效应制成的光电转换器件。

1. 光电管

(1)结构与测量电路。

光电管有真空光电管和充气光电管两类。真空光电管的结构如图 8-1(a)所示,它由一个阴极(K 极)和一个阳极(A 极)构成,并且密封在一只真空玻璃管内。阴极装在玻璃管内壁上,其上涂有光电材料,或者在玻璃管内装入柱面形金属板,在此金属板内壁上涂有阴极光电材料。阳极通常用金属丝弯曲成矩形或圆形或金属丝柱,置于玻璃管的中央。在阴极和阳极之间加有一定的电压,且阳极为正极、阴极为负极。当光通过光窗照在阴极上时,光电子就从阴极发射出去,在阴极和阳极之间电场作用下,光电子在极间作加速运动,被高电位的中央阳极收集形成电流,光电流的大小主要取决于阴极灵敏度和入射光辐射的强度。

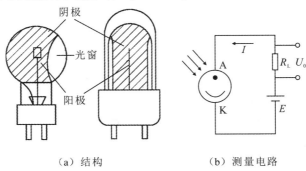

（a）结构　　　　　　　（b）测量电路

图 8-1　光电管的结构与测量电路

（2）光电管的原理。

根据能量守恒定律有：

$$\frac{1}{2}mv^2 = hv - A \tag{8-3}$$

式中，m 为电子质量，v 为电子逸出的初速度，A 为阴极材料的逸出功。

由上式可知，光电子逸出阴极表面的必要条件是 $hv > A$。由于不同材料具有不同的逸出功，因此对每一种阴极材料，入射光都有一个确定的频率限，当入射光的频率低于此频率限时，不论光强多大，都不会产生光电子发射，此频率限称为红限。相应的波长为：

$$\lambda_K = \frac{hc}{A} \tag{8-4}$$

式中，λ_K 为红限波长，c 为光速。

光电管正常工作时，阳极电位高于阴极。在入射光频率大于红限的前提下，从阴极表面逸出的光电子被具有正电位的阳极吸引，在光电管内形成空间电子流，称为光电流。

此时若光强增大，轰击阴极的光子数增多，单位时间内发射的光电子数也就增多，光电流变大。在图 8-1（b）所示的电路中，电流和电阻 R_L 上的电压降就和光强成函数关系，从而实现光电转换。即：

$$U_L = F(\Phi) \tag{8-5}$$

2. 光电倍增管

当入射光很微弱时，普通光电管产生的光电流很小，只有零点几微安，很不容易探测，这时常用光电倍增管对电流进行放大。

光电倍增管是一种常用的灵敏度很高的光探测器，顾名思义是把微弱光信号转变成电信号且进行放大的器件。光电倍增管的典型结构和工作原理如图 8-2 所示。光电倍增管主要由玻璃壳、光阴极 K、阳极 A、倍增极 D、引出插脚等组成，并根据要求采用不同性能的玻璃壳进行真空封装。

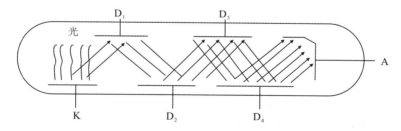

图 8-2　光电倍增管结构示意图

电子被带正电位的阳极吸引，在光电管内就有电子流，在外电路中便产生了电流。

从图 8-2 中可以看到光电倍增管也有一个阴极 K 和一个阳极 A，与光电管不同的是，在它的阴极和阳极间设置了若干个二次发射电极，D_1，D_2，D_3，…分别称为第一倍增电极、第二倍增电极、第三倍增电极……倍增电极通常为 10～15 级。光电倍增管工作时，相邻电极之间保持一定电位差，其中阴极电位最低，各倍增电极电位逐级升高，阳极电位最高。当入射光照射阴极 K 时，从阴极逸出的光电子被第一倍增电极 D_1 加速，以高速轰击 D_1，引起二次电子发射，一个入射的光电子可以产生多个二次电子，D_1 发射出的二次电子又被 D_1、D_2 间的电场加速，射向 D_2 并再次产生二次电子发射……这样逐级产生的二次电子发射使电子数量迅速增加,这些电子最后到达阳极,形成较大的阳极电流。

若倍增电极有 N 级,各级的倍增率为 σ,则光电倍增管的倍增率可以认为是 σN,因此,光电倍增管有极高的灵敏度。在输出电流小于 1 mA 的情况下,它的光电特性在很宽的范围内具有良好的线性关系。光电倍增管的这个特点使它多用于微光测量。

要注意的是,由于光电倍增管增益很大,一般情况不允许加高压时暴露在日光下测量可见光,以免造成损坏;作为传感器使用时,通常需要将光电倍增管密封。

8.2.2 内光电效应型光电器件

内光电效应型光电器件包括光敏电阻、光敏二极管、光敏三极管和光电池。

1. 光敏电阻

(1)光敏电阻的结构和工作原理。

光敏电阻是利用内光电效应工作的光电元件。在光线的作用下,其阻值往往变小,这种现象称为光导效应,因此,光敏电阻又称光导管。

光敏电阻的原理结构见图 8-3,图 8-3(a)为单晶光敏电阻的结构,图 8-3(b)为光敏电阻的测量电路。光敏电阻采用半导体材料制作,半导体的两端装有金属电极,金属电极与引出线端相连接,光敏电阻就通过引出线端接入电路。为了防止周围介质的影响,在半导体光敏层上覆盖了一层漆膜,漆膜的成分应使它在光敏层最敏感的波长范围内透射率最大。

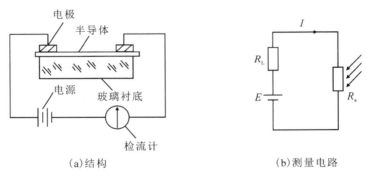

(a)结构　　　　　　　　　　　(b)测量电路

图 8-3　光敏电阻的结构

光敏电阻具有灵敏度高、可靠性好、光谱特性好、精度高、体积小、性能稳定、价格低廉等特点,因此广泛应用于光探测和光自控领域,如照相机、验钞机、石英钟、音乐杯、礼品盒、迷你小夜灯、光声控开关、路灯自动开关以及各种光控动物玩具、光控灯饰灯具等。

(2)光敏电阻的主要参数。

①暗电阻与暗电流。

暗电阻是指光敏电阻在不受光照射时的电阻值。在给定工作电压下,流过光敏电阻的电流称为暗电流。

②亮电阻与亮电流。

光敏电阻在有光照射时的阻值,称为该光照射下的亮电阻,此时流过的电流称为亮电流。

③光电流。

光电流是指亮电流与暗电流的差值。显然,亮电阻与暗电阻的差值越大,光电流越大,灵敏度也越高。

（3）光敏电阻的基本特性。

①光敏电阻的伏安特性。

伏安特性是指在一定的光照下,加在光敏电阻两端的电压和光电流之间的关系。硫化镉(CdS)光敏电阻的伏安特性曲线如图 8-4 所示。

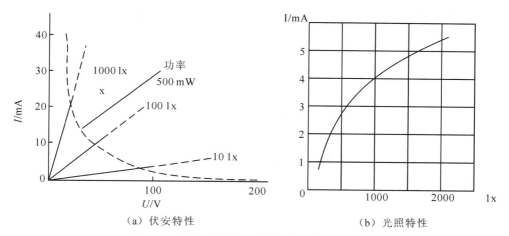

（a）伏安特性　　　　　　　　　　（b）光照特性

图 8-4　硫化镉光敏电阻的伏安特性和光照特性

由图 8-4 可见:在给定的偏压情况下,光照度(指单位面积上的光通量,表示被照射平面上某一点的光亮程度。单位:勒克斯,lm/m^2 或 lx)越大,光电流也越大;在一定光照度下,加的电压越大,光电流越大,没有饱和现象。光敏电阻的最高工作电压是由耗散功率决定的,耗散功率又和面积及散热条件等因素有关。电阻在一定的电压范围内,其 U-I 曲线为直线,说明其阻值与入射光量有关,而与电压、电流无关。

②光敏电阻的光照特性。

光敏电阻的光电流与光照度(光强度)之间的关系称为光电特性。如图 8-5 所示,硫化镉光敏电阻的光电特性呈非线性,因此不适宜做连续量的检测元件。这是光敏电阻的缺点之一。在自动控制中,它常用作开关式光电信号传感元件。

③光敏电阻的光谱特性。

光谱特性是指在外加一定的电压时,输出电流与入射光波长之间的关系。几种常用光敏电阻材料的光谱特性曲线如图 8-5 所示。由图可知,不同材料制造的光敏电阻,其光谱特性差别很大,某种材料制造的光敏电阻只对某一波长的入射光具有最高的灵敏度。因此,在选用光敏电阻时要考虑光源的波长,以得到满意的效果。

④光敏电阻的响应时间和频率特性。

实验证明,光敏电阻的光电流不能随着光照量的改变而立即改变,即光敏电阻产生的光电流有一定的惰性,这个惰性通常用时间常数

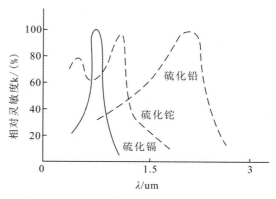

图 8-5　光敏电阻的光谱特性

来描述。时间常数越小,响应越迅速。但大多数光敏电阻的时间常数都较大,这是它的缺点之一。不同材料的光敏电阻有不同的时间常数,因此其频率特性也各不相同。

图 8-6 所示为硫化镉和硫化铅光敏电阻的频率特性。硫化铅的使用频率范围较大,其他都较小。目前正在通过改进生产工艺来改善各种材料光敏电阻的频率特性。

⑤光敏电阻的温度特性。

温度特性是指在一定的光照下,光敏电阻的阻值、灵敏度或光电流受温度的影响。随着温度的升高,暗电阻和灵敏度都下降。硫化铅光敏电阻的温度特性曲线如图 8-7 所示。显然,光敏电阻的温度系数越小越好,但不同材料的光敏电阻的温度系数是不同的。因此,使用光敏电阻时应考虑采用降温措施,以改善光敏电阻的温度系数。

随着温度的上升,其光谱响应曲线向左(即短波长的方向)移动。因此,要求硫化铅光敏电阻在低温、恒温的条件下使用。

(4)光敏电阻的检测。

首先将万用表置 R_X1 k 挡,其次置光敏电阻于光源近处,可测得光敏电阻的亮电阻;最后用黑布遮住光敏电阻的表面,可测得光敏电阻的暗电阻。若亮电阻为几千欧到几十千欧,暗电阻为几兆欧至几十兆欧,则说明是好的光敏电阻。

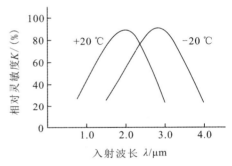

图 8-6　光敏电阻的频率特性

图 8-7　硫化铅光敏电阻的温度特性

(5)光敏电阻的应用。

这里以火灾探测报警器应用为例。图 8-8 为以光敏电阻为敏感探测元件的火灾探测报警器电路,在 1 mW/cm^2 照度下,硫化铅光敏电阻的暗电阻阻值为 1 MΩ,亮电阻阻值为 0.2 MΩ,峰值响应波长为 2.2 μm,与火焰的峰值辐射光谱波长接近。

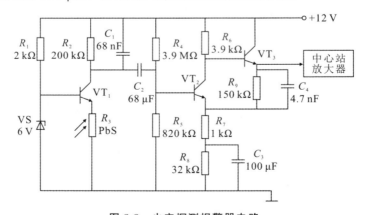

图 8-8　火灾探测报警器电路

由 VT_1,电阻 R_1、R_2 和稳压二极管 VS 构成对光敏电阻 R_3 的恒压偏置电路,该电路在更换光敏电阻时只要保证光电导灵敏度不变,输出电路的电压灵敏度就不会改变,从而可保证前置放大器的输出信号稳定。当被探测物体的温度高于燃点或被探测物体被点燃而发生火灾时,火焰将发出波长接近 2.2 μm 的辐射(或"跳变"的火焰信号),该辐射光将被硫化铅光敏电阻接收,使前置放大器的输出跟随火焰"跳变"信号,并经电容 C_2 耦合,由 VT_2、VT_3 组成的高输入阻抗放大器放大。放大的输出信号再送给中心站放大器,由其发出火灾报警信号或自动执行喷淋等灭火动作。

2. 光敏二极管和光敏三极管

(1)工作原理与结构。

光敏二极管的结构与一般的二极管相似,其 PN 结对光敏感。将其 PN 结装在管的顶部,上面有一个透镜制成的窗口,以便使光线集中在 PN 结上。光敏二极管是基于半导体光生伏特效应的原理制成的光电器件。光敏二极管的工作原理和结构如图 8-9 所示。光敏二极管工作时外加反向工作电压,在没有光照射时,反向电阻很大,反向电流很小,此时光敏二极管处于截止状态。当有光照射时,在 PN 结附近产生光生电子和空穴对,从而形成由 N 区指向 P 区的光电流,此时光敏二极管处于导通状态。当入射光的强度发生变化时,光生电子和空穴对的浓度也相应发生变化,因而通过光敏二极管的电流也随之发生变化,光敏二极管就实现了将光信号转变为电信号的输出。光敏二极管在家用电器、照相机中用作自动测光器件。

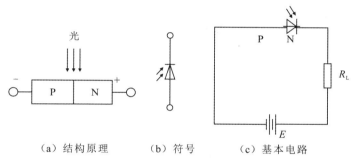

（a）结构原理　　（b）符号　　（c）基本电路

图 8-9　光敏二极管的结构原理和基本电路

光敏三极管有 NPN 和 PNP 型两种,是一种相当于在基极和集电极之间接有光电二极管的普通晶体三极管,其外形与光电二极管相似。光敏三极管工作原理与光敏二极管很相似。光敏三极管的工作原理和结构如图 8-10 所示。光敏三极管具有两个 PN 结。当光照射在基极-集电结上时,就会在集电结附近产生光生电子-空穴对,从而形成基极光电流。集电极电流是基极光电流的 β 倍。这一过程与普通三极管放大基极电流的作用很相似。所以光敏三极管放大了基极光电流,它的灵敏度比光敏二极管高许多。

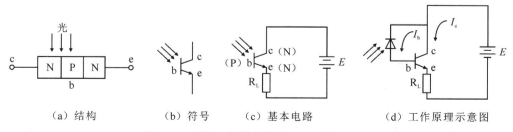

（a）结构　　　（b）符号　　（c）基本电路　　　（d）工作原理示意图

图 8-10　光敏三极管的结构原理和基本电路

光敏二极管和光敏晶体管的材料几乎都是硅(Si)。在形态上,有单体型和集合型。集合型是在一块基片上有两个以上光敏二极管,比如在后面讲到的CCD(电荷耦合器件)图像传感器中的光电耦合器件,就是由光敏晶体管和其他发光元件组合而成的。

(2)主要参数。

①暗电流。

光敏二极管的暗电流是指光敏二极管无光照射时还有很小的反向电流。暗电流决定了低照度时的测量界限。

光敏三极管的暗电流就是它在无光照射时的漏电流。

②短路电流。

光敏二极管的短路电流是指PN结两端短路时的电流,其大小与光照度成比例。

③正向电阻和反向电阻。

当无光照射时,光敏二极管正向电阻和反向电阻均很大。

当有光照射时,光敏二极管有较小的正向电阻和较大的反向电阻。

(3)基本特性。

①光照特性。

锗和硅光敏管的光照特性曲线如图8-11所示。从图中可以看出,光敏二极管的光照特性曲线的线性比光敏三极管好。但是,光敏三极管的光电流比光敏二极管大,因为光敏三极管具有电流放大功能。因此,光敏三极管的信噪比要比光敏二极管小。

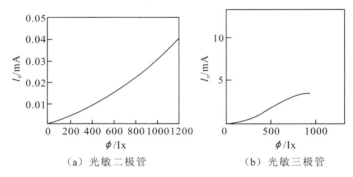

(a) 光敏二极管　　　　　　　(b) 光敏三极管

图 8-11　光敏二极管和光敏三极管的光照特性

②光谱特性。

光敏二极管和晶体管的光谱特性曲线如图8-12所示。从图中可以看出:硅光敏晶体管适用于 $0.4 \sim 1.1\ \mu m$ 波长,最灵敏的响应波长为 $0.8 \sim 0.9\ \mu m$;而锗光敏晶体管适用于 $0.6 \sim 1.8\ \mu m$ 的波长,其最灵敏的响应波长为 $1.4 \sim 1.5\ \mu m$。而当入射光的波长增加或缩短时,相对灵敏度也下降。一般来讲,锗管的暗电流较大,因此性能较差,故在可见光或探测赤热状态物体时,一般都用硅管。

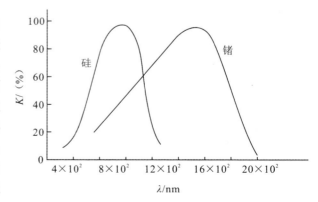

图 8-12　硅和锗光敏二极(晶体)管的光谱特性

但对红外光进行探测时,锗管较为适宜。

③伏安特性。

伏安特性是指光敏管在照度一定的条件下光电流与外加电压之间的关系。图 8-13 所示为硅光敏二极管、硅光敏三极管在不同照度下的伏安特性曲线。由图可见,光敏三极管的光电流比相同管型光敏二极管的光电流大上百倍。由图 8-13(a)可看出,与光敏三极管不同的是,一方面,在零偏压时,光敏二极管仍有光电流输出,这是因为光敏二极管存在光生伏特效应;另一方面,随着偏置电压的增高,光敏三极管的伏安特性曲线向上偏斜,间距增大,这是因为光敏三极管除了具有光电灵敏度外,还具有电流增益 β,且 β 值随光电流的增加而增大。由图 8-13(b)可见,光敏三极管在偏置电压为零时,无论光照度有多强,集电极的电流都为零,说明光敏三极管必须在一定的偏置电压作用下才能工作,偏置电压要保证光敏三极管的发射结处于正向偏置、集电结处于反向偏置;随着偏置电压的增高伏安特性曲线趋于平坦。图 8-13(b)中光敏三极管的特性曲线始端弯曲部分为饱和区,在饱和区光敏三极管的偏置电压提供给集电结的反偏电压太低,集电极的电子收集能力低,造成光敏三极管饱和,因此,应使光敏三极管工作在偏置电压大于 5 V 的线性区域。

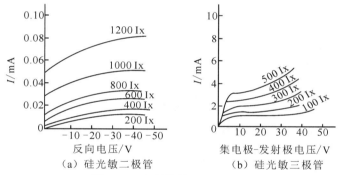

图 8-13　光敏管伏安特性曲线

④频率特性。

光敏管的频率响应是指具有一定频率的调制光照射时光敏管输出的光电流随频率的变化关系。光敏管的频率响应与本身的物理结构、工作状态、负载以及入射光波长等因素有关。图 8-14 所示光敏三极管频率响应曲线说明调制频率高于一定值时,硅光敏晶体管灵敏度急剧下降,且负载电阻阻值越大,高频响应越差。因此,在高频应用时应尽量降低负载电阻的阻值。

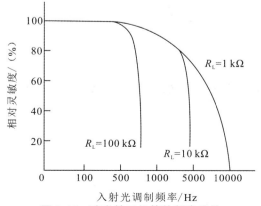

图 8-14　硅光敏三极管的频率特性

（4）光敏管的应用举例。

图 8-15 为路灯自动控制器电路原理图。VD 为光敏二极管。当夜晚来临时，光线变暗，VD 截止，V_1 饱和导通，V_2 截止，继电器 K 线圈失电，其常闭触点 K_1 闭合，路灯 HL 点亮。天亮后，当光线亮度达到预定值时，VD 导通，V_1 截止，V_2 饱和导通，继电器 K 线圈带电，其常闭触点 K_1 断开，路灯 HL 熄灭。

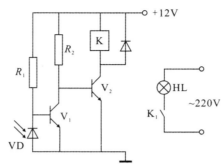

图 8-15　路灯自动控制器原理图

3. 光电池

（1）工作原理。

光电池是一种直接将光能转换为电能的光电器件，光电池的工作原理及符号如图 8-16 所示。硅光电池是在一块 N 型（或 P 型）硅片上，用扩散的方法掺入一些 P 型（或 N 型）杂质，而形成一个大面积的 PN 结。当入射光照在 PN 结上时，PN 结附近激发出电子-空穴对，在 PN 结势垒电场作用下，将光生电子拉向 N 区，光生空穴推向 P 区，形成 P 区为正、N 区为负的光生电动势。若将 PN 结与负载相连接，则在电路上有电流通过。

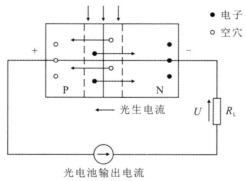

图 8-16　光电池的工作原理

（2）基本特性。

①光谱特性。

光电池的光谱特性是指相对灵敏度和入射光波长之间的关系。如图 8-17 所示为硒光电池和硅光电池的光谱特性曲线。从曲线上可以看出，不同材料的光电池的光谱峰值位置是不同的，例如，硅光电池可在 $0.45\sim1.1\ \mu m$ 范围内使用，而硒光电池只能在 $0.34\sim0.57\ \mu m$ 范围内应用。

②光照特性。

光电池在不同光照度下，其光电流和光生电动势是不同的，它们之间的关系称为光照特

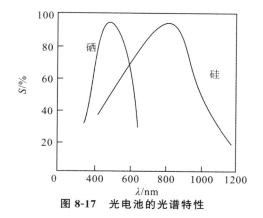

图 8-17　光电池的光谱特性

性。从实验知道:对于不同的负载电阻,可在不同的照度范围内使光电流与光照度保持线性关系。负载电阻越小,光电流与照度间的线性关系越好,线性范围也越宽。因此,应用光电池时,所用负载电阻大小应根据光照的具体情况来决定。

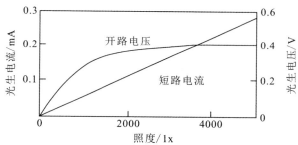

图 8-18　光电池的光照特性

③温度特性。

光电池的温度特性是指光电池的开路电压和短路电流随温度变化的关系,如图 8-19 所示。光电池的温度特性是描述光电池的开路电压、短路电流随温度变化的曲线。从图中可以看出,开路电压随温度增加而下降的速度较快,而短路电流随温度上升而增加的速度却很缓慢。因此,若用光电池作为敏感元件,在自动检测系统设计时就应考虑到温度的漂移,需采取相应的措施进行补偿。

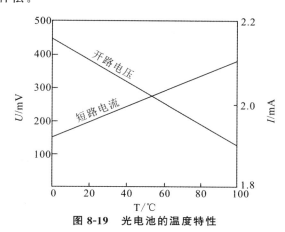

图 8-19　光电池的温度特性

8.3　CCD图像传感器

电荷耦合器件,又称CCD图像传感器,是一种大规模集成电路光电器件。它是在MOS(场效应管)集成电路技术基础上发展起来的新型半导体传感器,1970年由贝尔实验室的Bogle和Smith发明。CCD具有光电转换、信息存储、延时、传输、处理等功能。CCD的特点是:集成度高,尺寸小,工作电压低(DC 7～12 V),功耗小。该技术的发展促进了各种视频装置的普及和微型化,应用遍及航天、遥感、天文、通信、工业、农业、军用等各个领域。

8.3.1　CCD基本结构和工作原理

1. CCD基本结构

CCD的基本组成分两部分:MOS(金属—氧化物—半导体)光敏元阵列和读出移位寄存器。CCD是在半导体硅片上制作成百上千(万)个光敏元,一个光敏元又称一个像素。在半导体硅平面上光敏元按线阵或面阵有规则地排列(图8-20)。

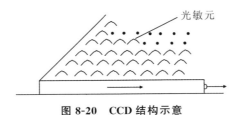

图 8-20　CCD结构示意

如图8-21(a)所示,其中"金属"为MOS结构的电极,称为栅极(此栅极材料通常不是金属而是能够透过一定波长范围光的多晶硅薄膜);半导体作为衬底电极;在两电极之间有一层氧化物(SiO₂)绝缘体,构成电容,但它具有一般电容所不具有的耦合电荷的能力。

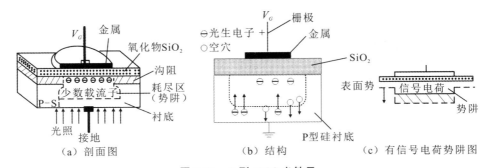

(a) 剖面图　　　　　(b) 结构　　　　(c) 有信号电荷势阱图

图 8-21　P型MOS光敏元

2. 电荷存储原理

MOS光敏元件结构,在半导体基片上(P—Si)生长一种具有介质作用的氧化物(SiO_2),并在其上面沉积一层金属电极,形成MOS光敏元。

当金属电极上加正电压时,由于电场作用,电极下P型硅区里空穴被排斥入地成耗尽区。对电子而言,这一势能很低的区域,称为势阱。有光线入射到硅片上时,在光子作用下产生电子-空穴对,空穴被电场作用排斥出耗尽区,而电子被附近势阱吸引(俘获),此时势阱内吸收的光子数与光强度成正比。

人们称一个 MOS 结构元为 MOS 光敏元或一个像素,把一个势阱所收集的光生电子称为一个电荷包,CCD 内是在硅片上制作成百上千个相互独立的 MOS 元,每个金属电极加电压,就形成成百上千个势阱。如果照射在这些光敏元上是一幅明暗起伏的图像,那么这些光敏元就感生出一幅与光照度相应的光生电荷图像。这就是 CCD 的光电物理效应基本原理。

3. 电荷转移原理(读出移位寄存器)

光敏元上的电荷需要经过电路进行输出,CCD 是以电荷为信号而不是电压电流。读出移位寄存器也是 MOS 结构,由金属电极、氧化物、半导体三部分组成(图 8-22)。它与 MOS 光敏元的区别在于:其半导体底部覆盖了一层遮光层,防止外来光线干扰。三个十分邻近的电极组成一个耦合单元(传输单元),在三个电极上分别施加脉冲波 Φ_1、Φ_2、Φ_3(三相时钟脉冲),如图 8-23 所示。

(1)$t = t_1$ 时刻,Φ_1 高电平,Φ_2、Φ_3 低电平,Φ_1 电极下出现势阱,存入光电荷。

(2)$t = t_2$ 时刻,Φ_1、Φ_2 高电平,Φ_3 低电平,Φ_1、Φ_2 电极下势阱连通,由于电极之间靠得很近,两个连通势阱形成大的势阱并存入光电荷。

(3)$t = t_3$ 时刻,Φ_1 电位下降,Φ_2 保持高电平,Φ_1 因电位下降而势阱变浅,电荷逐渐向 Φ_2 势阱转移,随 Φ_1 电位下降至零,Φ_1 中电荷全部转移至 Φ_2。

(4)$t = t_4$ 时刻,Φ_1 低电平,Φ_2 电位下降,Φ_3 高电平保持,Φ_2 中电荷向 Φ_3 势阱转移。

(5)$t = t_5$ 时刻,Φ_1 再次高电平,Φ_2 低电平,Φ_3 高电平逐渐下降,使 Φ_3 中电荷向下一个传输单元的 Φ_1 势阱转移。

这一传输过程依次下去,信号电荷按设计好的方向,在时钟脉冲控制下从寄存器的一端转移到另一端。这样一个传输过程,实际上是一个电荷耦合过程,所以称之为电荷耦合器件,担任电荷传输的单元称移位寄存器。

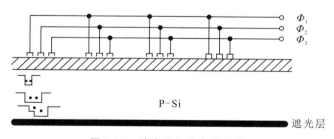

图 8-22　读出移位寄存器结构

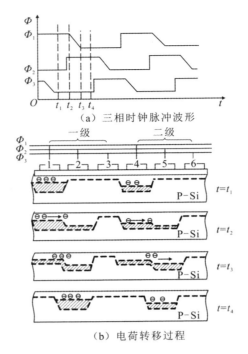

（a）三相时钟脉冲波形

（b）电荷转移过程

图 8-23　三相时钟驱动电荷转换原理

4. 电荷的注入

（1）光信号注入。

当光信号照射到 CCD 衬底硅片表面时，电极附近的半导体内产生电子-空穴对，空穴被排斥入地，少数载流子（电子）则被收集在势阱内，形成信号电荷存储起来。存储电荷的多少与光照强度成正比。如图 8-24（a）所示。

（2）电信号注入。

CCD 通过输入结构（如输入二极管），将信号电压或电流转换为信号电荷，注入势阱中。如图 8-24（b）所示，二极管位于输入栅衬底下，当输入栅 IG 加上宽度为 Δt 的正脉冲时，输入二极管 PN 结的少数载流子通过输入栅下的沟道注入 Φ_1 电极下的势阱中，注入电荷量为 $Q = I_D \Delta t$。

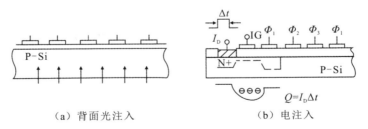

（a）背面光注入　　　　　　（b）电注入

图 8-24　CCD 电荷注入方法

（5）电荷的输出

CCD 信号电荷在输出端被读出的方法如图 8-25 所示。OG 为输出栅。它实际上是 CCD

阵列的末端衬底上制作的一个输出二极管,当输出二极管加上反向偏压时,转移到终端的电荷在时钟脉冲作用下移向输出二极管,被二极管的 PN 结收集,在负载 R_L 上形成脉冲电流 I_0。输出电流的大小与信号电荷的大小成正比,并通过负载电阻 R_L 转换为信号电压 U_0 输出。

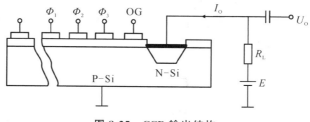

图 8-25　CCD 输出结构

8.3.2　CCD 图像传感器的分类

CCD 图像传感器从结构上可分为两类:一类用于获取线图像的,称为线阵 CCD;另一类用于获取面图像,称为面阵 CCD。线阵 CCD 目前主要用于产品外部尺寸非接触检测或产品表面质量评定、传真和光学文字识别技术等方面;面阵 CCD 主要用于摄像领域。

1. 线阵型 CCD 图像传感器

对于线阵 CCD,它可以直接接收一维光信息,而不能将二维图像转换为一维的电信号输出,为了得到整个二维图像,就必须采取扫描的方法来实现。线阵 CCD 图像传感器由线阵光敏区、转移栅、模拟移位寄存器、偏置电荷电路、输出栅和信号读出电路等组成。

线阵 CCD 图像传感器有两种基本形式,即单沟道和双沟道线阵图像传感器,其结构如图 8-26 所示,由感光区和传输区两部分组成。

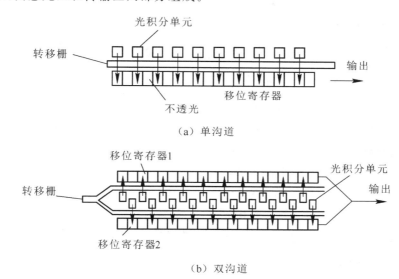

（a）单沟道

（b）双沟道

图 8-26　线阵型 CCD 图像传感器

2. 面阵型 CCD 图像传感器

面阵型 CCD 图像器件的感光单元呈二维矩阵排列,能检测二维平面图像。按传输和读

117

出方式不同,可分为行传输、帧传输和行间传输三种。

行传输(line transmission,LT)面阵型CCD的结构如图8-27(a)所示。它由行选址电路、感光区、输出寄存器组成。当感光区光积分结束后,由行选址电路一行一行地将信号电荷通过输出寄存器转移到输出端。行传输的特点:有效光敏面积大、转移速度快、转移效率高。但需要行选址电路,结构较复杂,且在电荷转移过程中,必须加脉冲电压,与光积分同时进行,会产生"拖影",故采用较少。

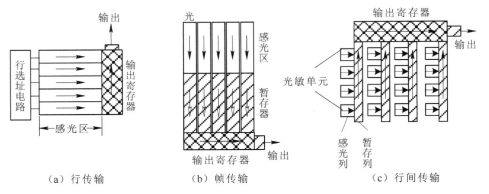

（a）行传输　　　　（b）帧传输　　　　（c）行间传输

图 8-27　面阵型 CCD 的结构

帧传输(frame transmission,FT)面阵型CCD的结构如图8-27(b)所示。由感光区、暂存区和输出寄存器三部分组成。感光区由并行排列的若干电荷耦合沟道组成,各沟道之间用沟阻隔开,水平电极条横贯各沟道。假设有 M 个转移沟道,每个沟道有 N 个光敏单元,则整个感光区共有 M×N 个光敏单元。在感光区完成光积分后,先将信号电荷迅速转移到暂存区,然后再从暂存区一行一行地将信号电荷通过输出寄存器转移到输出端。设置暂存区是为了消除"拖影",以提高图像的清晰度和与电视图像扫描制式相匹配。

特点:光敏单元密度高、电极简单。但增加了暂存区,器件面积相对于行传输型增大了一倍。

行间传输(interline transmission,ILT)面阵型CCD的结构如图8-27(c)所示。它的特点是感光区和暂存区行与行间排列。在感光区结束光积分后,将每列信号电荷转移到相邻的暂存区中,然后再进行下一帧图像的光积分,并同时将暂存区中的信号电荷逐行通过输出寄存器转移到输出端。其优点是不存在拖影问题,但这种结构不适宜光从背面照射。

特点:光敏单元面积小,密度高,图像清晰。但单元结构复杂。这是用得最多的一种结构形式。

用来评价 CCD 图像传感器的主要参数有:分辨率、光电转移效率、灵敏度、光谱响应、动态范围、暗电流、噪声等。不同的应用场合,对特性参数的要求也各不相同。

8.3.3　应用举例

CCD 图像传感器的应用主要有以下几方面:

(1)计量检测仪器:工业生产产品的尺寸、位置、表面缺陷的非接触在线检测,距离测定等。

(2)光学信息处理:光学字符识别(optical character recognition,OCR)、标记识别、图形

识别、传真、摄像等。

（3）生产过程自动化：自动工作机械、自动售货机、自动搬运机、监视装置等。

（4）军事应用：导航、跟踪、侦察（带摄像机的无人驾驶飞机、卫星侦察）。

图 8-28 为微小尺寸自动检测示意。

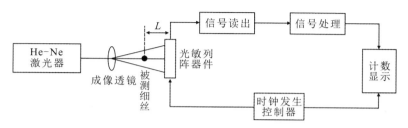

图 8-28　微小尺寸自动检测

该系统组成一个衍射系统，产生夫琅和费衍射图像，图像暗纹间距为 $d=L\lambda/a$，同时基于光敏阵列器件得到的脉冲数 N 和阵列单元间距满足 $d=Nl$，所以求得被测细丝或小孔的直径为：$a=L\lambda/d=L\lambda/(Nl)$。

思 考 题

8-1　光电效应有哪几种？与之对应的光电元件各有哪些？

8-2　常用的半导体光电元件有哪些？它们的电路符号如何？

8-3　对每种半导体光电元件，画出一种测量电路。

8-4　什么是光电元件的光谱特性？

8-5　光电传感器由哪些部分组成？被测量可以影响光电传感器的哪些部分？

8-6　模拟式光电传感器有哪几种常见形式？

第 9 章　传感器在工程检测中的应用

9.1　温度测量

温度标志着物质内部大量分子(或原子)无规则运动的剧烈程度。温度越高,物体内部分子(或原子)的热运动越剧烈。

温度传感器按照用途可分为基准温度计和工业温度计;按照测量方法又可分为接触式和非接触式;按工作原理又可分为膨胀式、电阻式、热电式、辐射式等;按输出方式分有自发电型、机械非电测型等。

1. 温度测量方法

(1)接触式测温

感温元件直接与被测对象接触,两者进行充分的热交换,最后达到热平衡。

(2)非接触式测温

感温元件不与被测对象直接接触,而是通过接受被测物体的热辐射能实现热交换,据此测出被测对象的温度。

2. 温标

温标规定温度的读数起点(零点)和测量温度的基本单位。

(1)经验温标

①华氏温标:纯水的冰点为 32°,沸点为 212°,中间划分为 180 等份,每一等份为 1 华氏度,符号为℉。

②摄氏温标:水的冰点规定为 0°,水的沸点规定为 100°。在 0~100 之间划分 100 等份,每一等份为 1 摄氏度,用符号 t 表示,单位为℃。

$$t(℉)=1.8t(℃)+32(℉) \tag{9-1}$$

(2)热力学温标

热力学温标为国际单位制中 7 个基本物理单位之一,用符号 T 表示,单位为开尔文(K)。把理想气体压力为零时对应的温度 0 K 与水的三相点温度 273.16 K(水的固、液、气三相共存的温度,0.01 ℃)分成 273.16 份,每份为 1 K。

(3)国际温标

通常将比水的三相点温度低 0.01 K 的温度规定为摄氏零度,它与摄氏温度之间的关系为

$$t=T-273.15 \tag{9-2}$$

9.1.1　热电阻测量温度

测温热电阻可分为金属热电阻和半导体热敏电阻两大类。

1. 金属热电阻

金属导体的电阻率随温度变化而变化的现象称为热电阻效应。

$$R_t = R_0(1+\alpha t)$$

金属热电阻具有正温度系数。温度升高，金属内部原子晶格的振动加剧，从而使金属内部的自由电子通过金属导体时的阻碍增大，宏观上表现出电阻率变大，电阻值增加，因而称其为正温度系数，即电阻值与温度的变化趋势相同。

金属丝电阻随温度增高而变大的演示如下：

取一只 100 W/220 V 的灯泡，用万用表测量其电阻值（图 9-1），可以发现其冷态阻值只有几十欧姆，而计算得到的额定热态电阻值应为 484 Ω（$R = \dfrac{U^2}{P} = \dfrac{220^2}{100} = 484$ Ω）。说明钨丝具有正温度系数。

图 9-1　灯泡冷态阻值测量

下面介绍几种铂热电阻：

（1）装配式铂热电阻（图 9-2）。

（2）薄膜式铂热电阻（图 9-3）。

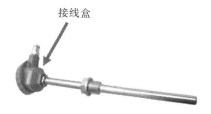

图 9-2　装配式铂热电阻

图 9-3　薄膜式铂热电阻

在真空清洁室中，将铂金属喷射在陶瓷体上，然后用激光进行光刻和阻值的微调，再焊接两根引线。在铂金上涂上一层特殊的绝缘玻璃层，如图 9-4 所示。薄膜热电阻的响应时间只需几秒。

Pt1000 薄膜热电阻在 0 ℃时的电阻为 1 kΩ，最大工作电流小于 0.3 mA。

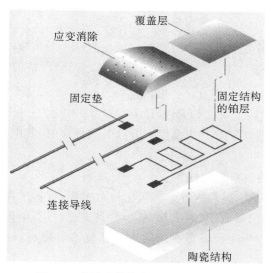

图 9-4　薄膜式铂热电阻工艺过程示意

（3）其他铂热电阻（图 9-5）。

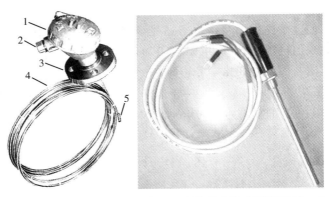

1—接线盒；2—引出线密封管；3—法兰盘；4—柔性外套管（可达百米）；5—测温端部

图 9-5　铠装式铂热电阻

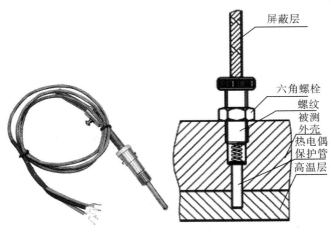

图 9-6　端面式铂热电阻

2. 半导体热敏电阻

热敏电阻可分为负温度系数（NTC）和正温度系数（PTC）热敏电阻。

NTC 又可分为两大类。第一类的电阻值与温度之间呈严格的负指数关系，因此可用于测量温度：

$$R_T = R_0 e^{-B\left(\frac{1}{T_0} - \frac{1}{T}\right)}$$

第二类为临界温度型（CTR）。当温度上升到某临界点时，其电阻值突然下降，可用于控制温度或抑制浪涌电流。

（1）NTC 热敏电阻的材料与特性。

NTC 热敏电阻以锰、钴、镍和铜等金属氧化物为主要材料，采用陶瓷工艺制造而成。在低温时，这些氧化物材料的载流子（电子和空穴）数目少，所以其电阻值较高。随着温度的升高，载流子数目增加，所以电阻值降低。电阻率和温度系数随材料成分比例、烧结温度和结构状态不同而变化。

现在还出现了以碳化硅、硒化锡、氮化钽等为代表的非氧化物系列 NTC 热敏电阻材料。

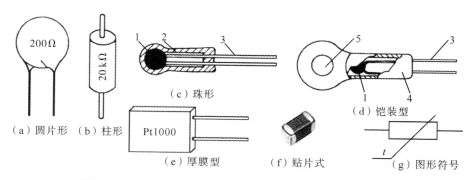

（a）圆片形　（b）柱形　　（c）珠形　　　　　　　　　　（d）铠装型

（e）厚膜型　　　（f）贴片式　　　（g）图形符号

1—热敏电阻；2—玻璃外壳；3—引出线；4—纯铜外壳；5—传热安装孔

图 9-7　热敏电阻的外形、结构及符号

（2）PTC 热敏电阻。

在钛酸钡里掺杂其他多晶陶瓷材料，压制成圆片等形状，烧结而成 PTC 热敏电阻，属于临界温度型。当温度上升到某临界点时，其电阻值突然上升，可用于电路的限流、过载保护。大功率 PTC 热敏电阻还可用作暖风机中的加热元件。

（3）热敏电阻的主要参数。

①标称阻值 R_0：一般指环境温度为 25 ℃时热敏电阻的电阻值。

②B 值：反映 NTC 热敏电阻阻值随温度变化的灵敏度，量纲为 1。

③居里温度 T_C：电阻值陡峭地增高时的温度定义为居里温度。

④电阻温度系数 α：它表示温度变化 1 ℃时的阻值变化率，单位为％/℃。

⑤时间常数 τ：是描述热敏电阻热惯性的参数。

⑥最大工作电流 I_m：在低阻态时所允许的电流值上限。

⑦额定功率 P_m：热敏电阻长期、连续接到电源上时所允许的消耗功率。

（4）热敏电阻的外形（图 9-8）。

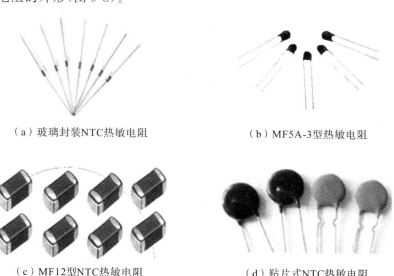

（a）玻璃封装NTC热敏电阻　　　　　　　　（b）MF5A-3型热敏电阻

（c）MF12型NTC热敏电阻　　　　　　　　（d）贴片式NTC热敏电阻

图 9-8　热敏电阻外形

(5)热敏电阻的应用。

①热敏电阻在电冰箱中的应用。

PTC 热敏电阻使用于电冰箱启动电路中(图 9-9),控制起动绕组的工作状态,使电冰箱压缩机正常启动。

②汽车中的热敏电阻。

在汽车电路中,比较常用的是 NTC 热敏电阻。如电喷车发动机控制用的冷却液温度传感器、空气温度传感器、自动变速箱中的油温传感器(图 9-10)等。

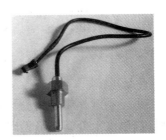

图 9-9　冰箱压缩机用 PTC 启动器　　　　图 9-10　汽车油温传感器

9.1.2　数字型集成温度传感器

集成温度传感器是将 PN 结及辅助电路集成在同一芯片上的新型半导体温度传感器,具有线性优良、性能稳定、灵敏度高、无须补偿、热容量小、抗干扰能力强、可远距离测温,且使用方便、易互换等优点,使用温度范围为 55～150 ℃,可广泛应用于冰箱、空调、粮仓、冰库、工业仪器配套和各种温度的测量、控制和补偿等领域。

单线智能温度传感器属于单片智能温度传感器。单线总线(1-wire)是 DALLAS 公司独特的专有技术,通过串行通信接口(I/O)直接输出被测温度值,输出 9～12 位的二进制数据。分辨率一般可达 0.0625～0.5 ℃。

DS18B20 是 DALLAS 半导体公司继 DS1820 之后最新推出的一种改进型智能温度传感器,它是利用特有的专利技术来测量温度的。传感器和数字转换电路都被集成在一起,每个 DS18B20 都具有唯一的 64 位序列号。DS18B20 只需一个数据输入/输出口,因此,多个 DS18B20 可以并联到 3 根或 2 根线上,CPU 只需一根端口线就能与诸多 DS18B20 进行通信,而它们只需简单的通信协议就能加以识别,占用微处理器的端口较少,可节省大量的引线和逻辑电路。DS18B20 可编程设定 9～12 位的分辨率,固有测量精度为 ±0.5 ℃,测量温度范围为 -55～125 ℃。用户还可自己设定非易失性温度报警上、下限值,并可用报警搜索命令识别温度超限的 DS18B20。由于温度计采用数字输出形式,故不需要模/数转换器。因此,DS18B20 非常适用于远距离多点温度测量系统。

DS18B20 的性能特点如下:

(1)采用 DALLAS 公司独特的单线接口方式:DS18B20 与微处理器连接时仅需要一条串口线即可实现微处理器与 DS18B20 的双向通信。

(2)在使用中不需要任何外围元件。

(3)可用数据线供电,供电电压范围:+3.0～5.5 V。

（4）测温范围：−55～125 ℃。固有测温分辨率为 0.5 ℃。当在−10～85 ℃范围内，可确保测量误差不超过 0.5 ℃，在−55～125 ℃范围内，测量误差也不超过 2 ℃。

（5）通过编程可实现 9～12 位的数字读数方式。

（6）用户可自己设定非易失性的报警上、下限值。

（7）支持多点的组网功能，多个 DS18B20 可以并联在唯一的三线上，实现多点测温。

（8）负压特性，即具有电源反接保护电路。当电源电压的极性反接时，DS18B20 不会因发热而烧毁，但此时芯片无法正常工作。

（9）转换速率比较高，进行 9 位的温度值转换只需 93.75 ms。

（10）适配各种单片机或系统。

DS18B20 的引脚如图 9-11 所示。

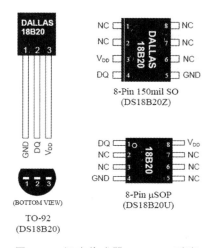

图 9-11　温度传感器 DS18B20 引脚

其中：GND 为接地端；DQ 是数据的输入和输出接口；V_{DD} 为接电源端；DQ 接口接到单片机的 R3.7 接口。各引脚功能为：DQ 为数据输入/输出端（即单线总线），它属于漏极开路输出，外接上拉电阻后，常态下呈高电平；V_{DD} 是可供选用的外部电源端，不用时接地；GND 为地；NC 为空脚。

9.1.3　热电偶

热电偶传感器是工业中使用最为普遍的接触式测温装置。这是因为热电偶具有性能稳定、测温范围大、信号可以远距离传输等特点，并且结构简单，使用方便。热电偶能够将热能直接转换为电信号，并且输出直流电压信号，使得显示、记录和传输都很容易。

1. 热电效应和热电偶测温原理

热电偶传感器的测温原理是基于热电效应。

将两种不同材料的导体组成一个闭合回路，如图 9-12 所示。当两个接合点温度不同时，在该回路中就会产生电动势，这种现象称为热电效应，相应的电动势称为热电势。这两种不同材料的导体的组合就称为热电偶。导体 A、B 称为热电极。两个接点中，一个称为热端，也称为测量端或工作端，测温时它被置于被测介质（温度场）中；另一个接点称为冷端，又称参考端或自由端,它通过导线与显示仪表或测量电路相连。

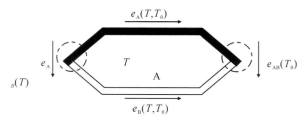

图 9-12　热电效应原理图

（1）两种导体的接触电动势。

接触电势是由于两种不同导体的自由电子密度不同而在接触处形成的电动势。两种导体接触时,自由电子由密度大的导体向密度小的导体扩散,在接触处失去电子的一侧带正电,得到电子的一侧带负电,扩散达到动平衡时,在接触面的两侧就形成稳定的接触电势。接触电势的数值取决于两种不同导体的性质和接触点的温度。两接点的接触电动势用符号 $E_{AB}(t)$ 表示：

$$E_{AB}(t) = \frac{kt}{e} \ln \frac{n_A(t)}{n_B(t)} \tag{9-3}$$

式中：$E_{AB}(t)$——A、B 两种材料在温度 t 时的接触电动势；

　　　k——波尔兹曼常数（$k = 1.38 \times 10^{-23}$ J/K）；

　　　$n_A(t)$、$n_B(t)$——材料 A、B 分别在温度 t 下的自由电子密度；

　　　e——单个电子的电荷量,为 1.6×10^{-19} C。

（2）单一导体的温差电动势。

对单一金属导体,如果将导体两端分别置于不同的温度场 t、t_0（$t > t_0$）中,在导体内部,热端的自由电子具有较大的动能,将更多地向冷端移动,导致热端失去电子带正电,冷端得到电子带负电,这样,导体两端将产生一个由热端指向冷端的静电场。该电场阻止电子从热端继续向冷端转移,并使电子反方向移动,最终将达到动态平衡状态。这样,在导体两端产生电位差,称为温差电动势。温差电动势的大小取决于导体材料和两端的温度,可表示为：

$$E_A(t, t_0) = \frac{k}{e} \int_{t_0}^{t} \frac{1}{n_A(t)} d[n_A(t)t] \tag{9-4}$$

式中：$E_A(t, t_0)$ 为导体 A 在两端温度为 t、t_0 时形成的温差电动势。

（3）热电偶回路的总电动势。

实验证明：热电偶回路中所产生的热电动势主要是由接触电动势引起的,温差电动势所占比例极小,可以忽略不计。因为 $E_{AB}(t)$ 和 $E_{AB}(t_0)$ 的极性相反,假设导体 A 的电子密度大于导体 B 的电子密度,且 A 为正极、B 为负极,因此回路的总电动势为：

$$\begin{aligned} E_{AB}(t, t_0) &= E_{AB}(t) - E_A(t, t_0) + E_B(t, t_0) - E_{AB}(t_0) \\ &\approx E_{AB}(t) - E_{AB}(t_0) \\ &= \frac{kt}{e} \ln \frac{n_A(t)}{n_B(t)} - \frac{kt_0}{e} \ln \frac{n_A(t_0)}{n_B(t_0)} \end{aligned} \tag{9-5}$$

由此可见,热电偶总电动势与两种材料的电子密度以及两接点的温度有关,因而可得出以下结论：

①如果热电偶两电极相同，即 $n_A(t)=n_B(t)$、$n_A(t_0)=n_B(t_0)$，则无论两接点温度如何，总热电动势始终为 0。

②如果热电偶两接点温度相同（$t=t_0$），尽管 A、B 材料不同，回路中总电动势依然为 0。

③热电偶产生的热电动势大小与材料（n_A、n_B）和接点温度（t、t_0）有关，与其尺寸、形状等无关。

④热电偶在接点温度为 t_1、t_3 时的热电动势，等于此热电偶在接点温度为 t_1、t_2 与 t_2、t_3 两个不同状态下的热电动势之和，即：

$$E_{AB}(t_1,t_3)=E_{AB}(t_1,t_2)+E_{AB}(t_2,t_3)$$
$$=E_{AB}(t_1)-E_{AB}(t_2)+E_{AB}(t_2)-E_{AB}(t_3)=E_{AB}(t_1)-E_{AB}(t_3) \tag{9-6}$$

⑤电子密度取决于热电偶材料的特性和温度，当热电极 A、B 选定后，热电动势 $E_{AB}(t,t_0)$ 就是两接点温度 t 和 t_0 的函数差，即：

$$E_{AB}(t,t_0)=f(t)-f(t_0) \tag{9-7}$$

如果自由端的温度保持不变，即 $f(t_0)=C$（常数），此时，$E_{AB}(t,t_0)$ 就成为 t 的单一函数，即：

$$E_{AB}(t,t_0)=f(t)-f(t_0)=f(t)-C=\varphi(t) \tag{9-8}$$

式（9-8）在实际测温中得到了广泛应用。当保持热电偶自由端温度 t_0 不变时，只要用仪表测出总电动势，就可以求得工作端温度 t。在实际中，常把自由端温度保持在 0 ℃或室温。

对于由不同金属组成的热电偶，温度与热电动势之间有不同的函数关系，一般通过实验方法来确定，并将不同温度下所测得的结果列成表格，编制出针对各种热电偶的热电动势与温度的对照表（称为分度表），供使用时查阅。表中温度按 10 ℃分档，其中间值可按内插法计算，即：

$$t_M=t_L+\frac{E_M-E_L}{E_H-E_L}\cdot(t_H-t_L) \tag{9-9}$$

式中：t_M——被测温度值；

t_H——较高的温度值；

t_L——较低的温度值；

E_M、E_H、E_L——温度 t_M、t_H、t_L 对应的热电动势。

2. 热电偶的基本定律

（1）中间导体定律。

在热电偶测温回路中接入第三种导体，只要其两端温度相同，则对回路的总热电动势没有影响。

中间导体定律的意义在于：在实际的热电偶测温应用中，测量仪表（如动圈式毫伏表、电子电位差计等）和连接导线可以作为第三种导体对待。

（2）中间温度定律。

热电偶在接点温度为 t、t_0 时的热电动势 $E_{AB}(t,t_0)$ 等于它在接点温度 t、t_c 和 t_c、t_0 时的热电动势 $E_{AB}(t,t_c)$ 和 $E_{AB}(t_c,t_0)$ 的代数和，即：

$$E_{AB}(t,t_0)=E_{AB}(t,t_c)+E_{AB}(t_c,t_0) \tag{9-10}$$

中间温度定律为补偿导线的使用提供了理论依据。它表明：如果热电偶的两个电极通过连接两根导体的方式来延长，只要接入的两根导体的热电特性与被延长的两个电极的热电特性一致,且它们之间连接的两点间温度相同,则回路总的热电动势只与延长后的两端温度有关,与连接点温度无关。

(3)标准电极定律。

如果两种导体 A、B 分别与第三种导体 C 组成的热电偶所产生的热电动势已知,则由这两种导体 A、B 组成的热电偶产生的热电动势可由下式来确定:

$$E_{AB}(t,t_0)=E_{AC}(t,t_0)-E_{BC}(t,t_0) \tag{9-11}$$

标准电极定律的意义在于:纯金属的种类很多,合金的种类更多,要得出这些金属间组成热电偶的热电动势是一件工作量极大的事。在实际处理中,由于铂的物理化学性质稳定,通常选用高纯铂丝做标准电极,只要测得它与各种金属组成的热电偶的热电动势,则各种金属间相互组合成热电偶的热电动势就可根据标准电极定律计算出来。

(4)均质导体定律。

如果组成热电偶的两个热电极的材料相同,无论两接点的温度是否相同,热电偶回路中的总热电动势均为 0。

均质导体定律有助于检验两个热电极材料成分是否相同及热电极材料的均匀性。

3. 热电偶的结构与种类

(1)结构。

为了适应不同测量对象的测温条件和要求,热电偶的结构形式有普通型热电偶、铠装型热电偶和薄膜型热电偶。

①普通型热电偶。

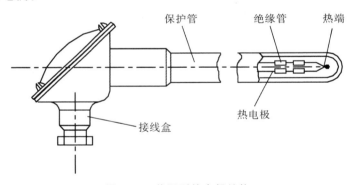

图 9-13　普通型热电偶结构

普通型热电偶结构如图 9-13 所示。它一般由热电极、绝缘管、保护管和接线盒等几个主要部分组成。它在工业上使用最为广泛。

②特殊热电偶。

(a)铠装型热电偶。

它是由热电极、绝缘材料和金属保护套管一起拉制加工而成的坚实缆状组合体,如图 9-14 所示。它可以做得很细、很长,使用中可随需要任意弯曲;测温范围通常在 1100 ℃以下。优点:测温端热容量小,因此热惯性小,动态响应快;寿命长;机械强度高;弯曲性好;可安装在结构复杂的装置上。

(b)薄膜型热电偶。

薄膜型热电偶是将两种薄膜热电极材料用真空蒸镀、化学涂层等办法蒸镀到绝缘基板

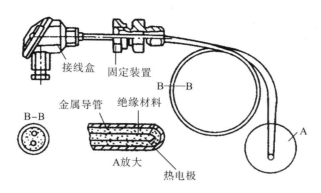

图 9-14　铠装型热电偶结构

（云母、陶瓷片、玻璃及酚醛塑料纸等）上制成的一种特殊热电偶,其结构如图 9-15 所示。薄膜热电偶的接点可以做得很小、很薄（0.01～0.1 μm）,具有热容量小、响应速度快（毫秒级）等特点。它适用于微小面积上的表面温度以及快速变化的动态温度的测量,测温范围在 300 ℃以下。

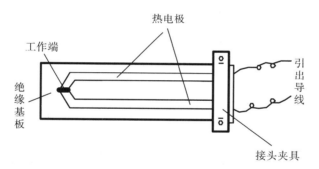

图 9-15　薄膜型热电偶结构

（2）热电极材料的选取。

根据金属的热电效应原理,理论上讲,任何两种不同材料的导体都可以组成热电偶,但为了准确、可靠地测量温度,对组成热电偶的材料有严格的要求。在实际应用中,用作热电极的材料一般应具备以下条件:

①性能稳定;

②温度测量范围广;

③物理化学性能稳定;

④导电率高,并且电阻温度系数小;

④材料的机械强度高,复制性好,复制工艺简单,价格便宜。

（3）热电偶的种类。

目前,国际电工委员会（international electrotechnical commission,IEC）向世界各国推荐了 8 种标准化热电偶。表 9-1 是我国采用的符合 IEC 标准的六种热电偶的主要性能和特点。

表 9-1　标准化热电偶的主要性能和特点

热电偶名称	正热电极	负热电极	分度号	测温范围	特　点
铂铑$_{30}$—铂铑$_6$	铂铑$_{30}$	铂铑$_6$	B	0～1700 ℃（超高温）	适用于氧化性气氛中测温，测温上限高，稳定性好。在冶金、钢水等高温领域得到广泛应用
铂铑$_{10}$—铂	铂铑$_{10}$	纯铂	S	0～1600 ℃（超高温）	适用于氧化性、惰性气氛中测温，热电性能稳定，抗氧化性强，精度高，但价格贵，热电动势较小。常用作标准热电偶或用于高温测量
镍铬—镍硅	镍铬合金	镍硅	K	－200～1200 ℃（高温）	适用于氧化和中性气氛中测温，测温范围很宽，热电动势与温度关系近似线性，热电动势大，价格低。稳定性不如 B、S 型热电偶，但是非贵金属热电偶中性能最稳定的一种
镍铬—康铜	镍铬合金	铜镍合金	E	－200～900 ℃（中温）	适用于还原性或惰性气氛中测温，热电动势较其他热电偶大，稳定性好，灵敏度高，价格低
铁—康铜	铁	铜镍合金	J	－200～750 ℃（中温）	适用于还原性气氛中测温，价格低，热电动势较大，仅次于 E 型热电偶。缺点是铁极易氧化
铜—康铜	铜	铜镍合金	T	－200～350 ℃（低温）	适用于还原性气氛中测温，精度高，价格低，在－200～0 ℃可制成标准热电偶。缺点是铜极易氧化

4. 热电偶的冷端温度补偿

由热电偶的测温原理可以知道,热电偶产生的热电动势大小与两端温度有关,热电偶的输出电动势只有在冷端温度不变的条件下,才与工作端温度呈单值函数关系。进行冷端温度补偿的方法有:

(1)补偿导线法。

热电偶的长度一般只有 1 m 左右,要保证热电偶的冷端温度不变,可以把热电极加长,使自由端远离工作端,放置到恒温或温度波动较小的地方。但这种方法对于由贵金属材料制成的热电偶来说将使投资增加。解决的办法是:采用一种称为补偿导线的特殊导线,将热电偶的冷端延伸出来。补偿导线实际上是一根与热电极化学成分不同的导线,在 0～150 ℃温度范围内与配接的热电偶具有相同的热电特性,但价格相对便宜。利用补偿导线将热电偶的冷端延伸到温度恒定的场所(如仪表室),且它们具有一致的热电特性,相当于将热电极延长,根据中间温度定律,只要热电偶和补偿导线的两个接触点温度一致,就不会影响热电动势的输出。

(2)冷端恒温法。

这种方法就是把热电偶的冷端置于某些温度不变的装置中,以保证冷端温度不受热端测量温度的影响。恒温装置可以是电热恒温器或冰点槽(槽中装冰水混合物,温度保持在 0 ℃)。

（3）冷端温度校正法。

如果热电偶的冷端温度偏离 0 ℃，但稳定在 t_0 ℃，则按式（9-10）（即中间温度定律）对仪表指示值进行修正。

（4）自动补偿法。

自动补偿法也称电桥补偿法，它是在热电偶与仪表间加上一个补偿电桥，当热电偶冷端温度升高，导致回路总电动势降低时，这个电桥感受自由端温度的变化，产生一个电位差，其数值刚好与热电偶降低的电动势相同，两者互相补偿。这样，测量仪表上所测得的电动势将不随自由端温度而变化。自动补偿法解决了冷端温度校正法不适合连续测温的问题。

5. 热电偶的实用测温线路

（1）测量单点的温度。

图 9-16 是一个热电偶直接和仪表配用的测量单点温度的测量线路，图中 A、B 组成热电偶。在测温时，热电偶也可以与温度补偿器连接，转换成标准电流信号输出。

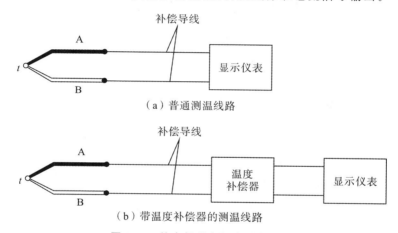

（a）普通测温线路

（b）带温度补偿器的测温线路

图 9-16　热电偶单点温度测量线路

（2）测量两点间温度差（反极性串联）。

图 9-17 是测量两点间温度差（$t_1 - t_2$）的一种方法。将两个同型号的热电偶配用相同的补偿导线，其接线应使两热电偶反向串联（A 接 A、B 接 B），使得两热电动势方向相反，故输入仪表的是其差值。这一差值反映了两热电偶热端的温度差。

（3）测量多点的平均温度（同极性并联或串联）。

有些大型设备有时需要测量多点（两点或两点以上）的平均温度，可以通过将多个同型号的热电偶同极性并联或串联的方式来实现。

① 热电偶的并联。

将多个同型号热电偶的正极和负极分别连接在一起的线路称为热电偶的并联。图 9-18 是测量三点的平均温度的热电偶并联连接线路，用三个同型号的热电偶并联在一起，在每一个热电偶线

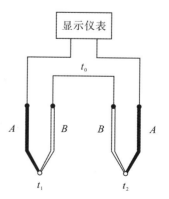

图 9-17　热电偶测量两点温度差线路

路中分别串联均衡电阻 R。根据电路理论,可得回路中总的电动势为:

$$E_T = \frac{E_1 + E_2 + E_3}{3} = \frac{E_{AB}(t_1,t_0) + E_{AB}(t_2,t_0) + E_{AB}(t_3,t_0)}{3}$$

$$= \frac{E_{AB}(t_1 + t_2 + t_3, 3t_0)}{3} = E_{AB}\left(\frac{t_1 + t_2 + t_3}{3}, t_0\right)$$

(9-12)

式中 E_1、E_2、E_3 分别为单个热电偶的热电动势。

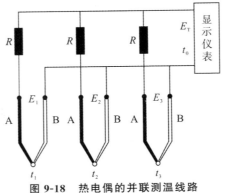

图 9-18　热电偶的并联测温线路

特点:当有一个热电偶烧断时,难以觉察出来。当然,它也不会中断整个测温系统的工作。

②热电偶的串联。

将多个同型号热电偶的正、负极依次连接形成的线路称为热电偶的串联。图 9-19 是用三个同型号的热电偶依次将正、负极相连串接起来,此时,回路总的热电动势等于三个热电偶的热电动势之和,即回路的总电动势为:

$$E_T = E_1 + E_2 + E_3 = E_{AB}(t_1,t_0) + E_{AB}(t_2,t_0) + E_{AB}(t_3,t_0)$$

$$= E_{AB}(t_1 + t_2 + t_3, 3t_0) \xmapsto{t_0=0} E_{AB}(t_1 + t_2 + t_3, t_0)$$

(9-13)

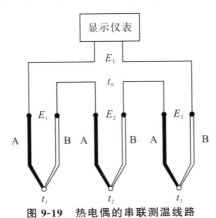

图 9-19　热电偶的串联测温线路

可见对应得到的是三点的温度之和,如果将结果再除以 3,就得到三点的平均温度。

串联线路的主要优点:热电动势大,仪表的灵敏度大大增加,且避免了热电偶并联线路存在的缺点,只要有一个热电偶断路,总的热电动势消失,可以立即发现有断路。缺点:只要有一个热电偶断路,整个测温系统将停止工作。

6. 热电偶的应用

图 9-20 是采用 AD594C 的温度测量电路实例。AD594C 片内除有放大电路外,还有温度补偿电路,对于 J 型热电偶经激光修整后可得到 10 mV/℃输出。在 0～300 ℃测量范围内精度为±1 ℃。测量时,热电偶内产生的与温度相对应的热电动势经 AD594C 的－IN 和＋IN 两引脚输入,经初级放大和温度补偿后,再送入主放大器 A₁,运算放大器 A₁ 输出的电压信号 U_o' 反映了被测温度的高低。若 AD594C 输出接模/数转换器,则可构成数字温度计。

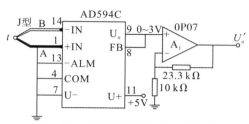

图 9-20　热电偶温度测量电路实例

常用炉温测量控制系统如图 9-21 所示。毫伏定值器给出给定温度的相应毫伏值,将热电偶的热电动势与定值器的毫伏值相比较,若有偏差则表示炉温偏离给定值,此偏差经放大器送入调节器,再经过晶闸管触发器推动晶闸管执行器来调整电炉丝的加热功率,直到偏差被消除,从而实现对温度的自动控制。

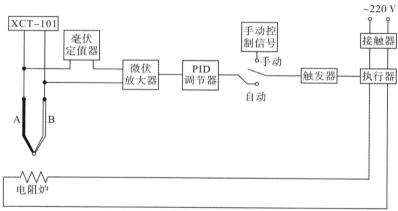

图 9-21　热电偶炉温控制系统

9.2　压力测量

9.2.1　压力的分类及对应的传感器

1. 绝对压力传感器

正取压口接到被测压力处,负取压口接到内部的基准真空腔(相当于零压力参考点),所测得的压力数值是相对于基准真空腔而言的,是以真空零压力为起点的压力,称为绝对压力,用 $p_{绝}$ 或 p_{abs} 表示。

2. 大气压传感器

大气压传感器的本质也是绝压传感器,只是正取压口向大气敞开。

大气压是指以地球上某个位置的单位面积为起点,向上延伸到大气上界的垂直空气柱的重量,用 p_a 或 $p_{大气}$ 表示。测量地点距离地面越高,或纬度越高,大气压就越小。1954 年第十届国际计量大会将大气压规定为:在纬度 $45°$ 的海平面上,当温度为 $0\ ℃$ 时,760 mm 高水银柱所产生的压强称为标准大气压。若用千帕为单位时,标准大气压为 101.3 kPa。

在工程中,出于简化目的,有时候可以近似认为标准大气压的数值为绝对压力 100 kPa(0.1 MPa),记为 1 bar。

3. 表压传感器

表压传感器能感受相对于大气压的压力(压强),其正取压口接到被测压力处,负取压口向大气敞开,所测得的压力数值是相对于大气压而言的,是以大气压为起点的压力,称为表压,用 p 表或 p_g 表示。例如,表压传感器指示为 1.0 MPa,表示比大气压高 1.0 MPa,绝对压力大约为 1.1 MPa。

4. 真空度传感器

以大气压力为基准,绝对压力高于测量地大气压力的压力称为正压,绝对压力小于测量地大气压力的压力称为负压。负压的绝对值称为相对真空度。用符号 p_z 或 $p_{真空}$ 表示。

5. 差压传感器

差压是指两个压力 p_1 和 p_2 之差,又称为压力差,用符号 Δp 或 p_d 表示。差压传感器能感受两个测量点压力(压强)之差,其正取压口接到被测压力 p_1 处,负取压口接到被测压力 p_2 处。如果将差压传感器的负取压口向大气敞开,就相当于表压传感器;如果将差压传感器的负取压口接到基准真空腔,就相当于绝对压力传感器。差压传感器外形如图 9-22 所示。

图 9-22　差压传感器

9.2.2　压力传感器简介

1. 液柱式压力表(图 9-23)

对于液柱式压力表,有 $\Delta p = p_2 - p_1 = \rho g(h_2 - h_1) = \rho g H$,须注意水和水银的毛细管现象。

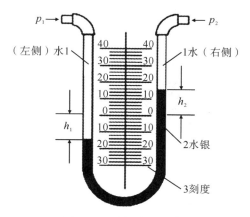

图 9-23　液柱式压力表

2. 弹性式压力表

弹性元件可以将压力转换成应变或位移。在一定的范围内,应变或位移与弹性元件感受到的压力呈确定的函数关系,多为线性关系。常见感受压力的弹性元件有膜片、膜盒、波纹管以及弹簧管等(图 9-24)。

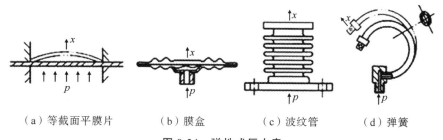

（a）等截面平膜片　　（b）膜盒　　　（c）波纹管　　　（d）弹簧

图 9-24　弹性式压力表

弹簧管(又称波登管)是弯成扁平的 C 形空心管子。它一端固定,一端自由,可以用于测量高压。弹簧管式压力表剖面图及原理示意图如图 9-25 所示。

用不锈钢、陶瓷、多晶硅薄片等构成膜片,周边固定,当膜片的上(或下)面受到均匀分布的压力时,薄板将弯向压力小的一面。将两个同心波纹膜片焊接在一起,做成空心膜盒,用于测量微小压力。

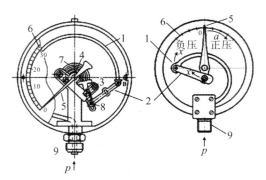

（a）部分剖面图　　　　　　　（b）原理示意图

1—弹簧钢；2—杠杆；3—扇形齿轮；4—中心齿轮；5—指针；6—面板刻度；7—游丝；
8—灵敏度（位移放大倍数）调整螺丝；9—压力接头

图 9-25　弹簧管式压力表

9.2.3　差动电容式压力传感器的工作原理与结构

差动形式的电容式压力传感器的灵敏度比非差动式高一倍，线性也得到较大改善，诸如温度、激励源电压、频率变化等外界的影响也能基本上相互抵消。其结构如图 9-26 所示。

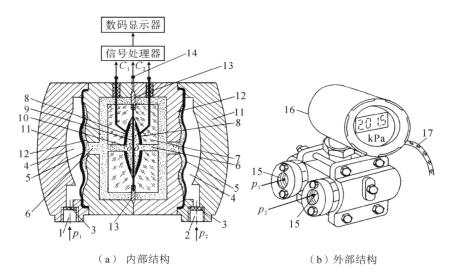

（a）内部结构　　　　　　　（b）外部结构

1—高压侧进气口；2—低压侧进气口；3—过滤片；4—空腔；5—柔性不锈钢波纹隔离膜片；6—导压硅油；7—凹形玻璃圆片；8—镀金凹形电极（定极板）；9—弹性平膜片；10—δ腔；11—铝合金外壳；12—限位波纹盘；13—过压力保护悬浮波纹膜片；14—公共参考端（地电位）；15—螺纹压力接头；16—测量转换电路及显示器铝合金盒

图 9-26　差动电容式差压传感器

9.2.4　压力表的安装与选型

1. 压力表的安装

(1)测量高压介质时，为安全起见，压力表的表壳应向着墙壁或无人通过的位置。

（2）取压口是被测对象的压力开口，应选择安装在流速平稳的直线管段上（取压口应在障碍物的前面）。

（3）当被测介质为液体时，取压口应开在管道的下方；当被测介质为干净气体时，取压口应开在管道的上方；当被测介质为蒸气时，在管道水平中心线成 $0°\sim45°$ 的夹角范围内，最好在管道水平中心线。

（4）截止阀应装设在靠近取压口的地方。

（5）导压管的内径为 $6\sim10$ mm，长度应尽可能短。

（6）当被测介质存在脉动压力时，应加装减振缓冲器。

（7）当被测介质温度过高时，应采用冷凝弯来防止高温介质直接与测压传感器接触。

（8）导压管管路的敷设：

①压力表在容器（管道）的下方；

②压力表在容器（管道）的上方；

③取压口在管道横截面的角度；

图 9-27 所示为隔离法兰压力传感器。

图 9-27　隔离法兰压力传感器

2. 压力表的选型

在被测压力波动较大的情况下（例如往复泵出口），最大压力值不应超过压力表满量程的 1/2，否则易产生弹性后效；最小压力值最好不要低于压力表满量程的 1/3，否则将增加测量误差。在被测压力较稳定的情况下，最大压力值不应超过满量程的 2/3。

为了减小测量误差，被测压力不应低于满量程的 1/3；测量高压（10 MPa 以上）时，最大过程压力不应超过量程的 3/5。

例　如果某压力容器最大压力为 6 MPa，允许最大绝对误差为 ±200 kPa。求：

（1）若选用量程为 $0\sim16$ MPa、准确度为 1.5 级的压力表进行测量，能否符合误差要求？

（2）若改为测量范围为 $0\sim10$ MPa、准确度为 1.5 级的压力表，是否允许采用？试说明其理由。

解　（1）对于测量范围为 $0\sim16$ MPa、准确度为 1.5 级的压力表，允许的最大绝对误差为

$$16\ \text{MPa}\times1.5\%=0.24\ \text{MPa}=240\ \text{kPa}$$

因为此数值超过了工艺上允许的最大绝对误差数值(200 kPa),所以该压力表是不合格的。

(2)对于测量范围为 0～10 MPa、准确度亦为 1.5 级的压力表,允许的最大绝对误差为

$$10 \text{ MPa} \times 1.5\% = 0.15 \text{ MPa} = 150 \text{ kPa}$$

因为此数值的绝对值小于该工艺允许的最大绝对误差,故允许采用。

9.2.5 压力表的校验

1. 砝码校验法

活塞式压力校验台的力平衡关系:

$$p = mg/A$$

式中:m——测量活塞、托盘与砝码质量之和(kg);

g——测量地的重力加速度(m/s²);

A——环境温度为 20 ℃时活塞的有效面积(m²)。

校验方法:

(1)调整活塞式压力计的水平位置。

(2)排出管道内的空气。

(3)关闭进油阀,缓慢地旋转手轮,使活塞上升。

(4)增加相应的砝码,并顺时针缓慢旋转使活塞停在标志线上。

图 9-28　活塞式压力校验台外形

(5)进行反行程校验。

2. 标准表比较法

将被校验的压力表与较高准确度的另一只标准压力表进行示值比较,其差值可视为被校表的误差(图 9-29)。此法用标准压力表取代砝码和活塞,工作液压力的增加与减少靠手摇泵来完成。校验的方法、步骤与砝码校验法类似。

图 9-29　标准表比较法示意

3. 压力变送器的 HART 手持终端校验

由手泵(压力发生器)产生校验压力,手持终端通过 HART(highway addressable

remote transducer,可寻址远程传感器)信号读取智能差压变送器的压力数据,并与手持终端本身测量的结果进行对比,计算出测量误差。

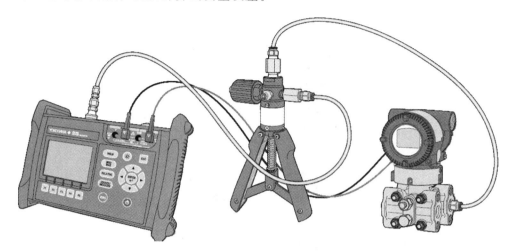

图 9-30　压力变送器的 HART 手持终端校验

9.2.6　压力变送器

变送器是指能够将传感器的输出信号转换为可以被控制器接受的标准化信号的设备,主要由传感器、测量转换电路、补偿电路等组成。不同的物理量需要不同的传感器和相应的变送器。

用于工业控制的变送器主要有:温度变送器、压力变送器、流量变送器、液位变送器、电流变送器、电压变送器等。

变送器具有输入过载保护、输出过电流保护、输出电流长时间短路保护、输出端口瞬态感应雷与浪涌电流 TVS 抑制保护、工作电源过压极限保护、工作电源反接保护等。

压力变送器是一种能将接收的气体、液体等的压力信号转换为可传送的标准化输出信号的仪器(图 9-31)。此外,其输出信号与压力之间有一给定的连续函数关系(通常为线性函数)。

压力变送器主要用于工业过程压力参数的测量与控制,其中的差压变送器也常用于液位和流量的测量。

压力变送器分类:

(1)按工作原理,可分为电容式、压阻式、谐振式(谐振式压力变送器可不经过信号处理电路,直接输出数字脉冲信号)等;

(2)按接线方式,可分为两线制(图 9-32)、三线制(一根正电源线、两根信号线,其中一根 GND)、四线制(两根正、负电源线,两根信号线,其中一根 GND)等;

(3)按输出方式,可分为电压输出、电流输出、数字信号输出等;

(4)按压力测量范围,可分为一般压力变送器(0.001～35 MPa)、微压力变送器(0～1.5 kPa)和负压变送器(－100～0

图 9-31　压力变送器

kPa)等；

(5)按准确度,可分为高准确度变送器(0.1%或0.075%级)和通用变送器(0.5%级)。

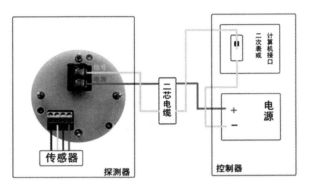

图 9-32　两线制压力变送器

9.2.7　智能压力变送器的应用

1. 智能变送器简述

(1)智能:一种随外界的变化而确定正确行为的能力,包括理解、推理判断与分析等一系列能力。

(2)智能仪表:拥有数据的存储、运算、逻辑判断、双向通信的功能,能与外界双向传递信息。

(3)智能化传感器:将一个或多个敏感元件、精密模拟电路、数字电路、微处理器(MCU)、通信接口、智能软件系统相结合,并将硬件集成在一个封装组件内。具备数据采集、数据处理、数据存储、自诊断、自补偿、自适应、在线校准、逻辑判断、双向通信、数字输出/模拟输出等功能。

(4)智能变送器:既有模拟信号又有数字信号的混合测量仪器。传感器多数采用微机械电子加工(MEMS)技术。

2. 智能差压变送器的特点

(1)性能稳定,可靠性好;可进行统计处理,去除异常数值等;测量准确度高,基本误差可达±0.1%;无故障时间可达 10 万小时以上。

(2)量程范围宽,可达 400∶1(等精度测量),有较宽的零点迁移范围。

(3)阻尼时间可调。

(4)具有自检和自动补偿能力。

(5)方便与计算机或现场总线连接。

(6)具有双向通信功能。可进行信息存储和记忆,能存储传感器的特征数据、组态信息和补偿数据等。

(7)通过现场手持终端,使变送器具有自修正、自补偿、自诊断及错误方式告警等多种功能,简化了调整、校准与维护过程。

(8)单位换算。例如,将压力转化为水位的高度(mmH$_2$O);或者将压力开二次方,再乘以系数,转化为流量(m^3/s)等。

（9）高、低压侧转换：如果发现正负相导压管接反，可以把表内的参数由 NOROMAL（右侧高压，左侧低压）改为 REVERSE（右侧低压，左侧高压），重新组态。

3. 智能差压变送器的结构及工作原理

智能差压变送器（图 9-33、图 9-34）带有液晶显示器，与手持终端配合可以在现场变送器的信号端子上，就地设定零点、量程，也可以在远离现场的控制室中，或远离危险的地方，将智能手持终端接到某个变送器的信号线上，进行远程组态、测量范围变更、变送器校准、故障自诊断传感膜头中的 EEPROM 存放数据和参数，使变送器有良好的部件互换能力。

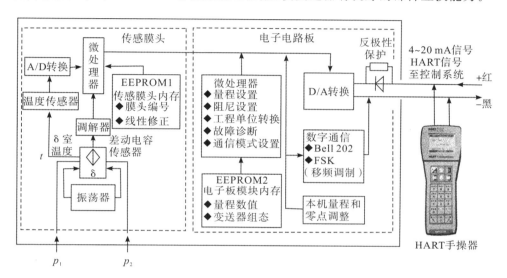

图 9-33　智能差压变送器的结构及工作原理

图 9-34　智能差压变送器外形及内部电路板

141

9.3 流量测量

9.3.1 流量测量的基本概念

流量指单位时间内流体通过一定截面积的量。体积流量用流体的体积来表示(q_V),单位为 m^3/h。

$$q_V = \int_A v\cos(v,n)\mathrm{d}A \tag{9-14}$$

$$q_V = \frac{\mathrm{d}v}{\mathrm{d}t} \tag{9-15}$$

瞬时质量流量用流量的质量来表示(q_m),简称质量流量,单位为 kg/h。

$$q_m = \rho q_V \tag{9-16}$$

累积流量是一段时间内流体体积流量或质量流量的累积值,累积体积流量和累积质量流量分别为:

$$V = \int_{t_1}^{t_2} q_V \mathrm{d}t \tag{9-17}$$

$$m = \int_{t_1}^{t_2} q_m \mathrm{d}t \tag{9-18}$$

流量计量是对在一定通道内流动流体的流量进行测量。

流量测量的任务:根据测量目的,被测流体的种类、状态、测量场所等条件,研究各种相应的测量方法,并保证流量量值的正确传递。

9.3.2 流量测量的方法和分类

按被测量的不同分为体积流量测量和质量流量测量。

1. 体积流量的测量方法

(1)容积法。

在单位时间内以标准固定体积对流动介质连续不断地进行度量,以排出流体固定容积来计算流量。有椭圆齿轮流量计、旋转活塞式流量计和刮板流量计。此法受流体的流动状态影响小,适用于测量高黏度、低雷诺数的流体。

(2)速度法。

这种方法是先测出管道内的平均流速,再乘以管道截面积求得流体的体积流量。

该法具有较宽的使用条件,可用于各种工况下的流体的流量检测。利用平均流速计算流量,管路条件的影响大,流动产生涡流以及截面上流速分布不对称等都会给测量带来误差。

检测管道内流速的方法有:

①节流式检测方法(差压流量检测法);

②电磁式检测方法;

③变面积式检测方法;

④旋涡式检测方法;

⑤涡轮式检测方法;

⑥声学式检测方法;

⑦热学式检测方法。

2. 质量流量的测量方法

（1）直接法。

利用检测元件，使输出信号直接反映质量流量。主要实现方法有：利用孔板和定量泵组合的差压式检测方法、利用同轴双涡轮组合的角动量式检测方法、应用迈斯纳效应的检测方法、基于科里奥利力效应的检测方法。

（2）间接法。

用两个检测元件分别测出两个相应参数，通过运算间接获取流体的质量流量。

①$\rho q_V 2$ 检测元件和 ρ 检测元件的组合；

②q_V 检测元件和 ρ 检测元件的组合；

③$\rho q_V 2$ 检测元件和 q_V 检测元件的组合。

9.3.3　电磁流量计

1. 电磁流量计的特点

电磁流量计用来测量导电液体体积流量。其特点为：

（1）测量通道是光滑直管，不易阻塞；

（2）适用于测量含有固体颗粒或纤维的液固二相流体；

（3）不产生因检测流量所形成的压力损失；

（4）不受流体密度、黏度、温度、压力和电导率变化影响；

（5）前置直管段要求较低；

（6）测量范围大，通常为 20∶1～50∶1；

（7）不能测量电导率很低的液体；

（8）不能用于较高温度的液体。

2. 电磁流量计的原理与结构

电磁流量计的基本原理是法拉第电磁感应定律，即导体在磁场中切割磁力线运动时产生感应电动势（图 9-35）。

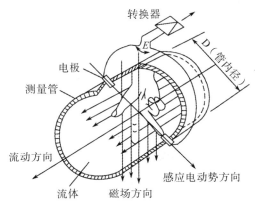

图 9-35　电磁流量计原理

电磁流量计由流量传感器和转换器构成，如图 9-36 所示。

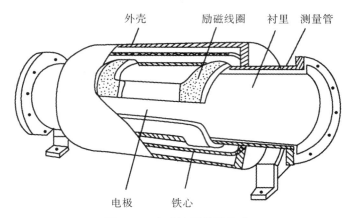

图 9-36　电磁流量计的构成

9.3.4　多叶片转子涡轮流量计

涡轮感受流体的平均流速。壳体由非磁性的不锈钢制成;涡轮由导磁的不锈钢制成,装有螺旋状叶片。管道的直径越大,叶片的数量就越多(4～24 片不等)。涡轮两端由耐磨的碳化钨硬质合金或四氟化碳轴承支撑(图 9-37)。

测量气体时,叶片的倾角为 $10°～15°$;测量液体时,叶片的倾角为 $30°～45°$。叶片与内壳间的间隙为 1 mm 左右。

图 9-37　多叶片转子涡轮流量计

当涡轮旋转时,导磁叶片顶部周期性地切割磁力线,使通过线圈的磁感应强度 B 发生周期性变化,从而在线圈内感应出频率为 f 的电脉冲信号 e_o。再经放大、整形,微处理器即可计算得到涡轮的转速:$n=60\,f/z$(z 为涡轮的叶片数目)。接着将转速信号传送至二次仪表。

9.3.5　卡门涡街流量计

当流体流经圆锥体时,由于流体和圆锥体之间的摩擦,一部分流体的动能转化为流体振动,在锥体的后部两侧交替地产生卡门旋涡。由于两侧旋涡的旋转方向相反,所以下游的流体产生振动,在额定范围内,其流体的振动频率与流速成正比。常用的非线性柱体有圆柱体(横向或纵向)、圆锥体等。

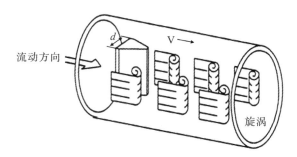

图 9-38　卡门涡街流量计

卡门涡街流量计的优点：无可动部件；量程范围宽（100∶1）；压力损失小；几乎不受流体的压力、温度等参数的影响；气、液均可以使用，可用于大口径管道的气、液测量。

9.4　振动测量

9.4.1　振动的基本概念

物体围绕平衡位置作往复运动称为振动。

1. 振动的分类

振动分类：机械振动（例如机床、电机、泵、风机等运行时的振动）；土木结构振动（房屋、桥梁等的振动）；运输工具振动（汽车、飞机等的振动）；地震、武器、爆炸引起的冲击振动。

2. 振动的类型

振动的类型：自由振动、受迫振动、自激振动、简谐振动、周期振动、瞬态振动、随机振动、单自由度系统振动、多自由度系统振动、线性振动、非线性振动、低频振动、中频振动、高频振动等。

3. 振动的描述与计算

振动的基本参数有振动频率、位移、速度、加速度、初相角。振动频率 f 指物体每秒振动循环的次数，单位是赫兹（Hz）。振动角频率 ω 的单位为弧度每秒（rad/s）。振动频率 f 的倒数称振动周期，用 T 表示，$T=1/f$，单位是秒（s）。

（1）振幅（xm）：物体离开平衡位置的最大位移的绝对值，单位是 m、mm 或 μm。

（2）峰峰值（xpp）：整个振动历程的正峰与负峰之间的差值。

（3）单峰值（xp）：正峰或负峰的最大值。

（4）有效值（xrms）：振幅的均方根值。

（5）有效值（xap 或 x）等于单峰值的 0.707，平均值等于单峰值的 0.637。

4. 测振传感器的分类

按照振动检测的目的，测振传感器可分为两大类：一类是测量设备在运行时的振动参量，检测目的是了解被测对象的振动状态，评定振动等级和寻找振源，以及进行监测、识别、诊断和故障预估；另一类是对设备或部件进行某种激振，使其产生受迫振动，以便测得被测对象的振动力学参量或动态性能，如固有频率、阻尼、阻抗、响应和模态等，图 9-39 为常用的一种测振仪。

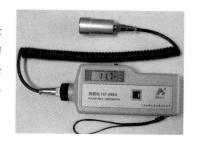

图 9-39　测振仪

9.4.2　绝对式和相对式测振传感器

1. 绝对式测振传感器

绝对式测振传感器是将传感器外壳固定在振动体待测点上，传感器壳体的振动等于被测物的振动。传感器的主要力学组件是惯性质量块及弹性体。在一定的频率范围内，质量块相对于基座的运动与位移、速度和加速度成正比。常见的绝对式测振传感器有压电式加速度计、电容式测振传感器等。

2. 相对式测振传感器

相对式测振传感器是将测振传感器壳体固定在不动的支架（也称固定基准）上，传感器的敏感元件靠近被测振动体表面，从而感受被测振动体表面的位移。

也可以将传感器中质量很轻的触杆与被测振动体接触，触杆与敏感元件形成相对振动。常见的相对式测振传感器有涡流式加速度计及激光式测振传感器等。

9.4.3 压电式振动加速度传感器

压电式振动加速度传感器的结构及外形如图 9-40 所示。

图 9-40 压电式振动加速度传感器

压电振动加速度传感器的性能指标主要包括：

(1)灵敏度 K：压电式加速度传感器的输出为电荷量，以 pC 为单位（1 pC＝10^{-12} C）。而输入量为加速度，单位为 m/s^2。所以灵敏度以 $pC/(m \cdot s^{-2})$ 为单位，或用重力加速度 pC/g。灵敏度的范围为 10～100 pC/g。

目前许多压电加速度传感器的输出是电压，所以灵敏度单位也可以为 mV/g，通常为 10～1000 mV/g。

(2)频率范围：常见的压电加速度传感器的频率范围为 0.01 Hz～20 kHz。

(3)动态范围：常用的测量范围为 0.1～100g，或 1000 m/s^2。测量冲击振动时应选用 100～10000g 的高频加速度传感器；而测量桥梁、地基等微弱振动时往往要选择 0.001～10g 的高灵敏度低频加速度传感器。

(4)线性度：测量频率范围内，传感器灵敏度在理论上应为常数，即输出信号与被测振动成正比。实际上传感器只在一定幅值范围内保持线性特性，偏离比例常数的范围称为非线性，在规定线性度内可测幅值范围称为线性范围。压电式传感器约有 1% 的非线性误差。

图 9-41 和图 9-42 为手持式测振仪和基于压电式加速度传感器的手持式听诊器。

图 9-41 手持式测振仪　　**图 9-42 基于压电式加速度传感器的手持式听诊器**

9.4.4　汽车发动机爆震检测

汽车发动机中的气缸点火时刻必须十分精确。如果恰当地将点火时间提前一些,即有一个提前角(例如 10°以内),就可使汽缸中汽油与空气的混合气体得到充分燃烧,使扭矩增大,排污减少。但提前角太大时,就会产生冲击波,发出尖锐的金属敲击声,称为爆震。爆震可能使火花塞、活塞环熔化损坏,使缸盖、连杆、曲轴等部件过载、变形。可用压电传感器检测到爆震,并适当延迟之。

爆震测控原理如图 9-43 所示。

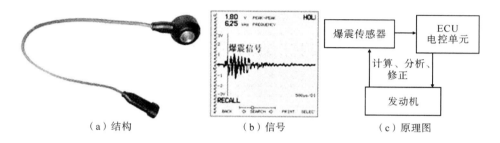

（a）结构　　　　　　　（b）信号　　　　　　　（c）原理图

9-43　爆震测控原理

147

第10章 生物医学传感器技术概述

生物医学传感器是一类特殊的电子器件,它能把生物医学中各种被观测非电量转换为易观测的电量,扩展人的感官功能。它是获取人体生理和病理信息的工具,是生物医学工程中的重要分支,对于化验、诊断、监护、控制、治疗、保健等都有重要作用。

10.1 生物医学信息的类别

生物医学研究的对象是具有生命的生物体,其基本对象是人体。生物体,特别是人体,是极其复杂的系统,包含着反映生物活动的极其丰富的信息。根据人体不同部位和不同功能器官的作用和物质,人体医学信息可以有以下 10 类:

(1)位移:包括血管内、外径,主动脉、腔静脉尺寸,肢体容积变化,胸廓变化,心脏收缩变化,骨骼肌收缩变化,胃收缩、肠蠕动等信息。

(2)速度:包括血流速度、排尿速度、分泌速度、发汗速度、流泪速度、呼吸气流速度等。

(3)振动、加速度:包括心音、呼吸音、血管音、脉搏、心尖搏动、心瓣膜振动、手颤、颈动脉搏动、脉象、语音等信息。

(4)压力:包括血压、眼压、心内压、颅内压、胃内压、食道压、膀胱压、子宫内压等信息。

(5)力:包括心肌力、肌肉力、咬合力、骨骼负载力、血液黏滞后力、手握力等信息。

(6)流量:包括血流量、呼吸流量、尿流量、心输出量等信息。

(7)温度:包括口腔温度、直肠温度、皮肤温度、体核温度、心内温度、肿物温度、中耳膜温度、脏器温度、血液温度等信息。

(8)生物电:包括心电、脑电、肌电、眼电、胃电、神经电、脑干电、皮肤电等信息。

(9)化学成分:包括钾(K)、钠(Na)、氯(Cl)、钙(Ca)、氧(O_2)、二氧化碳(CO_2)、氨(NH_3)、氢(H)、锂(Li)等信息。

(10)生物物质:包括乳酸、血糖、蛋白质、尿素氮、胆固醇、酶、抗原、抗体、受体、激素、神经递质、DNA、RNA 等。

各种生物信息是表征生物体各部分结构、功能和状态的特殊数据。要提取和捕捉这些信息,就需要依靠各种各样的传感器。由图 10-1 可知,传感器是医学测量系统的第一个环节,医学仪器通过其与人体直接耦合。

图 10-1 医学测量系统框图

10.2　生物医学传感器的作用

生物医学工程的重要任务是通过测量生命活动信息、认识生命现象并判断生理、病理状态。传感器是获取生命活动信息的关键技术手段。生命活动信息存在于从分子、细胞、组织、器官到系统的各个层次，生物医学传感器就是获取不同层次生理、病理信息的器件。

生物医学传感器的作用是将被测的生理参数转换为与之相对应的电学量输出，以提供生物医学基础和临床诊断的研究与分析所需的数据。随着科学的发展和其他学科的渗透，以及生物医学学科的进步，医学科学由定性医学发展到定量医学，其中传感器起了重要作用。传感器延伸了医生的感觉器官，扩大了医生的观测范围，可帮助医生进行客观、正确的定量分析。

在医学上，传感器的主要用途有：

(1) 提供诊断信息。医学诊断以及基础研究都需要检测生物体信息，例如，先天性心脏病病人在手术前必须用血液传感器测量心内压力，以估计缺陷程度。常见诊断信息包括心音、心电、血压、血流、体温、呼吸、脉搏等。

(2) 监护。对手术后的病人需要长时间连续测定某些生理参数，通过观察这些生理参数是否处于规定范围来掌握病人的复原过程，或在异常时及时报警。例如，对一个做过心内手术的病人，在手术后头几天，往往在其身体上要安置体温、脉搏、动脉压、静脉压、呼吸、心电等一系列传感器，用监护仪连续观察这些参数的变化。

(3) 临床检验。除直接测量人体生理参数外，临床上还需要利用化学传感器和生物传感器从人体的各种体液(如血液、尿液、唾液等)来获取诊断信息，为疾病的诊断和治疗提供重要参考。

(4) 疾病治疗和控制。其指利用检测到的生理参数，控制人体的生理过程。例如电子假肢就是用肌电信号控制人体肢体的运动。在用同步呼吸器抢救病人时，需要换能器检测病人的呼吸信号，以此来控制呼吸器的动作与人体呼吸同步。

10.3　生物医学传感器的分类

生物医学传感器的种类很多，可以从不同的角度对传感器进行分类。目前最常用的分类方法有两种：一是按传感器的工作原理分类，如应变式、光电式、热电式、压电式、电化学式、免疫式传感器等；另一种是按传感器所测量的生理参数进行分类，如物理传感器、化学传感器和生物传感器。

1. 物理传感器

物理传感器指的是利用物理性质和物理效应制成的传感器。基于物理能量变换原理而用于测量生物体的一般生理参数的物理传感器已经比较成熟，广泛应用于测量或监护血压，呼吸，脉搏，体温，血流，心音，呼吸频率，血液的黏度、流速、流量等物理量。

2. 化学传感器

化学传感器是指把人体内的某些化学成分及其浓度转换为与之有确切关系的电学量的器件。它多是利用某些功能性膜对特定成分的选择作用把被测成分筛选出来，进而用电化学装置把它变为电学量,常用于人体中气味分子、氧和二氧化碳含量,体液(血液、汗液、尿液等)的 pH 值(H^+)、K^+、Na^+、Cl^-、Ca^{2+} 以及重金属离子等化学量的测量。

3. 生物传感器

生物传感器是近些年随着分子生物学发展起来的新型传感器,是利用某些生物活性物质对待测化学物质所具有的选择性、识别性进行测量的传感器。生物传感器一般有两个主要组成部分:一是生物分子识别元件,指具有分子识别能力的生物活性物质(如组织切片、细胞、细胞器、细胞膜、酶等);二是信号转换器,主要有电化学电极(如电位、电流的测量)、光学检测元件、热敏电阻等。生物传感器的选择性取决于它的生物敏感元件,而其他性能则和它的整体组成有关。生物传感器主要用于生物体中的组织、细胞、酶、抗原、抗体、受体、激素、胆酸、乙酰胆碱、DNA 与 RNA 以及蛋白质等生物量的检测。

10.4 生物医学传感器的特点和要求

10.4.1 生物医学传感器的特点

(1)较高的灵敏度和信噪比,以保证能检测出微弱的有用信号。绝大多数的生物医学信号非常微弱,随着人的年龄、人体部位的不同或者个体差异,幅值变化也较大。表 10-1 列出了部分生物电和生物磁信号幅值范围的参考值。一般,信号的范围分布在微伏至毫伏数量级。另外,在测量中可能存在着比被测信号更强的噪声,其来源是多方面的。由于人体是一个导电体,体外的电场、磁场感应都会在人体内形成测量噪声,干扰信号的检测。人体还是一个复杂的有机整体,各器官功能密切相关,在提取被测信号时往往伴随着多种噪声,如肌电噪声等。为保证能够有效、准确地获取到微弱的有用信息,生物医学传感器必须具备较高的灵敏度和信噪比。

表 10-1 部分生物电和生物磁信号的幅值范围

被测信号	幅值范围	被测信号	幅值范围
心电(皮肤电极)	50 μV ～ 5mV	肾电位	10 μV～80 mV
脑电(头皮电极)	10～300 μV	心磁	10^{-10} T 量级
肌电	20 μV～10 mV	脑磁	10^{-12} T 量级
细胞电位	-100～200 μV	眼磁	10^{-11} T 量级
视网膜电位	0～1 mV	肺磁	10^{-8} T 量级
眼电	0.05～5 mV		

(2)良好的线性和快速的响应,以保证输出信号变换后不失真,并能使输出信号及时跟上输入信号的变化。传感器是医学测量系统的第一个环节,它所输出的数据直接关乎疾病诊断和治疗的正确与否,直接关系病人的生命安全。这就要求它高度可靠,不产生非线性失真。另外,即使在许多可控制因素不变的条件下,同一个生理参数仍会呈现出随时间变化的情况。比如连续测量血压,此次测量的结果与上次测量结果会不同。传感器应及时、准确地将输入信号传输到后续处理环节,以便得出正确的数据。

（3）良好的稳定性和互换性。稳定性好可以保证输出信号受环境的影响小而保持稳定。同类型传感器的性能要基本相同，在互相调换时不影响测量数据。

10.4.2　生物医学传感器的要求

生物医学传感器的对象是生物体，是一个有生命活动的系统或机体。这与工程上任何一个系统都不一样，因此在进行生理参数测量时，都要保持生命活动的正常状态。除一般测量对传感器的要求外，必须考虑到生物体的解剖结构和生理功能，尤其是安全性和可靠性，更应特别重视下列要求：

（1）传感器必须与生物体内的化学成分相容。要求它既不被腐蚀，也不给生物体带来毒性。

（2）传感器的形状、尺寸和结构应和被检测部位的结构相适应，使用时不应损伤组织。

（3）传感器要有足够的牢固性，在引入被测部位时，不能受损。

（4）传感器和人体要有足够的电绝缘，即使在传感器损坏的情况下，人体受到的电压必须低于安全值。

（5）传感器不能给生理活动带来负担，也不应干扰正常的生理功能。

（6）对植入体内长期使用的传感器，不应对体内有不良刺激。

（7）传感器应操作简单、维护方便、便于消毒。

10.5　生物医学传感器发展概述

10.5.1　发展现状

自 20 世纪 60 年代起，人们对发展传感器的兴趣有了明显的提高。伴随实际的迫切需要，化学和生物传感器得到了快速发展，使得发展直接检测各种离子和分子的选择性传感器成为可能。传统的大尺寸传感器很快转向微型传感器和微纳传感器，并快速应用到了生物和医学领域。目前，快速体表数字温度计、佩戴式电子血压计以及家用血糖仪已被广泛使用。CT（计算机断层扫描技术）和超声技术已成为众所周知的先进的诊断手段。传感器在生物医学诊断领域和医学仪器中的应用已经发生了革命性的变化，而且将对 21 世纪人类的生活质量改善产生积极的影响。

生物医学传感技术是传感技术与生物医学相互交叉与渗透而发展起来的一类高新技术。现代信息科学与生命科学领域中对于生物体深层次的机理分析、人体生理与疾病机制探索、分子识别与基因探针、神经信息与药物快速筛选等对传感技术的更高追求以及医疗保健与早期诊断、快速诊断与床边监护、在体监测与离体监测等对医疗仪器的迫切需要，都促使生物医学传感技术不断发展和进步。与此同时，快速兴起的微电子与光电子技术、分子生物学、生化分析等新兴学科的发展也为生物医学传感技术的进步不断注入新的活力。因此，现代生物医学传感技术的发展始终呈现出旺盛的生命力。

国际上生物医学传感技术的研究主要是围绕着如何提高生物学的研究水平和医学诊疗技术而展开的。众多生物医学和物理、化学、电子及材料领域的重要发现和发明都很快在生物医学传感器领域获得了重要的应用，如微结构和集成细胞分子检测传感器、药物分析和筛选传感器、微纳米植入传感探针等。微电子和加工技术的发展,使传感器可以微型化并与微处理器等电路集成在一个硅片上,促进了集微传感器、微处理器与微执行器于一块芯片上的生物医学分析微纳芯片系统的问世和发展。

10.5.2　发展趋势

过去的数年中,不同学科背景研究者的密切协作使得生物医学传感器的设计和应用以前所未有的速度迅速发展。可以预见,未来的生物传感器将具有功能多样化、微型化、智能化、集成化、低成本、高灵敏度、高稳定性和长寿命等特点。这些特性的改善也会加速生物传感器市场化、商品化的进程。从当前高新技术的发展趋势来看,传感器技术的发展方向主要集中在以下几个方面:

1. 多参数

以前一个传感器只能把单一的被测量转换成电信号,新型的传感器可借助于敏感元件中不同的物理结构或化学物质,及其不同的表征方式,用单独一个传感器系统来同时测量多种参数,实现多种传感器的功能。如英国已于 20 世纪 80 年代初推出了可以监测 5 个参数(Na^+、K^+、Ca^{2+}、Cl^- 和 pH)的集成血液电解质传感器,美国于 20 世纪 80 年代末研制了光寻址电位传感器,可以同时传感 23 个生化参数。近年来,人工嗅觉-电子鼻的研究取得了突飞猛进的进展,这是生物医学传感器多参数化的一个典型代表。

2. 微系统化

采用新的加工技术可以制造出新型传感器,如采用光刻、扩散以及各向异性腐蚀等方法,可以制造出微型化和集成化传感器。现在已经制造出能装在注射针上的压力传感器和成分传感器。采用半导体集成电路制造技术在同一个芯片上同时制造几个传感器或传感器阵列,而且这些传感器输出信号的放大、运算等处理电路也集成在这个芯片上,从而可构成多功能传感器、分布式传感器。

3. 智能化

自微型处理器问世以来,电子处理速度得到了飞速提升。同时随着计算机技术的不断发展,目前市面上存在着各类全自动的设备,自动化已经成为整个社会必然的趋势,这一趋势也必然会体现在生物医学技术上。设备的自动化同样是建立在传感器技术的快速发展上的。未来生物医学领域的设备将大大减少人力的操作,取而代之的是更加精密的电子仪器和计算机操作,这是未来传感器应用于生物医学领域的重要发展方向。

4. 光技术

电子技术长期以来在传感器的研制开发中的传统地位正受到光技术的挑战。利用化学发光、生物发光和细胞光通信方法,以及光敏器件与光导纤维技术制作光传感器,具有响应速度快、灵敏度高、抗电磁干扰能力强、体积小等特点。目前,光传感器已经日趋成熟,应用领域不断扩大,技术水平也不断提高,将光技术应用于生物医学领域是必然趋势。

第 11 章　传感器在生物医学中的应用

在医学领域,传感器起到的是"耳目"的作用。它主要是感受人体的生理信号,然后将其转换为电信号,在现代医学中,传感器实际上是替代了医生的感觉器官并起到延伸作用,在医疗领域中是必不可少的设备。

11.1　电阻式传感器的应用

电阻式传感器在医学上主要用来测量压力,如常见的眼内压、血压的测量等。随着工艺发展日益成熟,压阻式传感器应用越来越广泛。

11.1.1　眼内压的测量

眼内压(简称眼压)是眼球内容物作用于眼球壁的压力。眼内压的变化会引起很多的眼科疾病,人类致盲率最大的眼科疾病——青光眼,就是由于眼压过高引起的。维持正常视功能的眼压称正常眼压,通常在 1.33～2 kPa 范围内;如果超过了 2.8 kPa,则表示有了眼疾。

测量眼压的方法有三类,即直接检查法、指测法和眼压计检查法。直接检查法虽最为准确,但因其对人体有损伤性而不适用于临床;指测法只能粗略估计眼压高低,对轻微的眼压改变则难以判断;眼压计检查法能够较为准确地测量眼内压,对人体又无损害性,故在临床上得到广泛应用。

压平眼压计通过外力将角膜压平来测量眼压,其理论基础为 Imbert-Fick 定律。该定律认为充满液体的球体内压可以通过测量压平球体表面所需的力量来确定。在压平眼压计测量过程中,利用一平的小测压探头加压于角膜,从所加的压力和角膜之间的接触面积来推测眼内压。

眼内压计算公式为:

$$P_t(\text{眼内压}) = F(\text{压平角膜的外力}) / S(\text{压平面积}) \tag{11-1}$$

下面介绍两种常用的压平眼压计。

1. Goldmann 压平眼压计

目前世界上公认 Goldmann 压平眼压计是设计最完美、结果最准确的一类眼压计,其实物图如图 11-1(a)所示。它的误差范围在 ±0.5 mmHg 内,因此常用 Goldmann 压平眼压计测量的结果作为标准来衡量其他眼压计的准确程度。它是利用测压头压平角膜来进行间接的眼内压测量,如图 11-1(b)。Goldmann 压平眼压计的压平面的直径选定为 3.06 mm。当测压头使角膜压平时,7.35 mm^2 的环形面积所需的力即为眼压测量值。平面膜上粘贴有四个扩散电阻,将其连成惠斯通电桥或者差动电桥,根据输出的电压,即可算出眼内压。

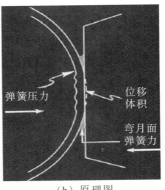

（a）实物图　　　　　　　（b）原理图

图 11-1　Goldmann 眼压计

2. TONO-PEN 眼压计

TONO-PEN 眼压计是美国 Mentor 公司设计的一款眼压计，体积小，质量轻，电池供能，携带方便，应用范围广泛。目前市场上有两种款式，如图 11-2 和图 11-3。图 11-2(a)的外形类似一支钢笔，尺寸为 18 cm/2 cm/2 cm，质量仅 56～64 g，呈流线型。图 11-3 为远野笔 TONO-PEN 眼压计实物图，尺寸为 16 cm/2 cm/4.4 cm，它是根据人体工程学设计的，使用时更为顺手。它们共同的特点是：一端稍尖，为测量眼压的部分；另一端钝圆，用以安装电池。测眼压的部分为一直径 1.02 mm 的铁心，铁心与一个微型张力传感器相连，其周围环绕一直径为 3.22 mm 的环，以减小传感器移动。传感器头套上一次性使用的乳胶保护套，眼压计体部有一液晶显示屏和操作键，通过按压操作键来校准眼压计和测量眼压，所测得的眼压值以 mmHg 显示在液晶屏上。

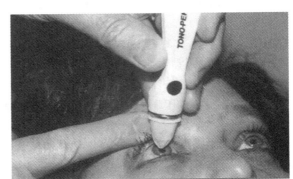

（a）实物图　　　　　　　（b）使用图

图 11-2　TONO-PEN 眼压计

TONO-PEN 眼压计的压力传感器具有由 SS316 不锈钢材料制成的金属腔，前端抛光表面直径为 3.0 mm，原理图如图 11-4 所示。该传感器还带有两块金属弹簧片的机械微结构，用以支持直径 1.0 mm 的压力传动杆，形成一个直线型的机械系统。当 F_2 作用于压力传动杆时，在金属弹簧片上的四个臂将产生巨大的张力。惠斯通电桥结构中的四个扩散电阻直接粘贴在弹簧片上面，形成张力计（电阻应变式传感器）。机械张力引起张力计的电阻率变化，并且与压力 F_2 成比例，从而产生信号 U_{out}。由于每一次接触过程中角膜接触的压平只持续几毫秒，并且每一次接触都有偏差，所以在进行测量时，需要将仪器与角膜接触几次（即测量几次），对几次的结果进行计算得出眼压测量值。

图 11-3　远野笔 TONO-PEN 眼压计实物图

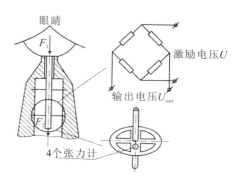

图 11-4　TONO-PEN 眼压计原理图

11.1.2　血压的测量

血压是评估血管功能最常用的参数，是人体重要的生命体征之一。它指的是血液在血管内流动时，作用于体循环的压力，是推动血液在血管内流动的动力。心室收缩，血液从心室流入动脉，此时血液对动脉的压力最高，称为收缩压。心室舒张，动脉血管弹性回缩，血液仍慢慢继续向前流动，但血压下降，此时的压力称为舒张压。

测量血压的仪器称为血压计。血压的测量可分为直接测量法和间接测量法两种。直接测量法又称有创测量法，也就是通过穿刺在血管内放置导管后测得血压。这种方法测量精度高，但属于有创测量，对病人身体损害较大，临床上除危重病人外，一般不予采用。间接测量法是利用脉管内压力与血液阻断开通时刻所出现的血流脉动变化，即采用闭塞气袖处的脉搏测定动脉血压。根据工作原理的不同，间接测量法又分为柯式音法、示波法、超声法、逐拍跟踪法、双袖带法、张力测定法、恒定容积法等。这种方法不需要进行外科手术，属于无创测量，而且测量简便。电子血压计就是基于无创血压测量方法的生命信息监测医疗设备，其体积小，携带方便，操作简单，抗干扰能力强，可自动处理和存储数据，对于需要长时间采集和监测血压的个人，特别是高血压患者是非常重要的工具。迄今为止，各种各样的测量技术和商品化的产品已在临床上得到了广泛的应用。图 11-5 是常用的电子血压计实物图。

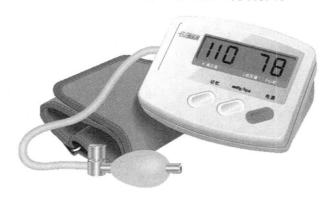

图 11-5　电子血压计实物图

目前绝大多数电子血压计采用示波法间接测量血压，即通过测量血液流动时对血管壁产生的振动,在袖带放气过程中,只要袖带内压强和血管压强相同,则振动最强。通过对振动波的分析计算可得出舒张压和收缩压的大小。

电子血压计的核心部件是固态压阻式传感器,它采用电阻作为传感敏感元件。利用半导体扩散技术在硅膜片上扩散出 4 个 P 型电阻构成平衡电桥,膜片的四周用硅杯固定,其下部是与被测系统相连的高压腔,上部一般可与大气相通。固态压阻式传感器结构如图 11-6 所示。在被测压力作用下,膜片产生应力和应变。随着硅电阻距膜片中心的距离变化,其应力也在发生变化。将 4 个电阻沿一定晶向排列,则靠近圆心的两个电阻将受到拉应力,而远离圆心的两个电阻受到压应力,其电阻的变化达到大小相等,变化相反,即可组成差动电桥,其形式为四等臂差动电桥结构。通过电桥的输出电压就可以检测出所受压力的大小。

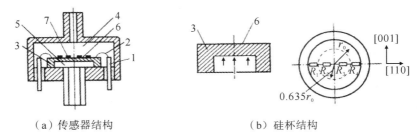

（a）传感器结构　　　　　　　（b）硅杯结构

1—引线端；2—内部引线；3—硅杯；4—低压腔；5—高压腔；6—硅膜片；7—扩散电阻

图 11-6　固态压阻式传感器结构

11.2　电感式传感器的应用

测量病人的呼吸次数,是了解其身体状况的常用指标,在家庭急救中至关重要。其测量主要基于 Konno 和 Mead 定理,即体表呼吸容积定量理论:人体做呼吸运动时,呼吸腔可近似假定具有胸廓（RC）、腹部（AB）这两个运动自由度,呼吸容积变化等于胸廓和腹部容积变化之和;当口鼻闭合,做等容呼吸动作时,胸廓容积的增加（或减少）等于腹部容积的减少（或增加）。

电感式传感器灵敏度高,最大能分辨 $0.01~\mu m$ 的位移变化。基于电磁感应原理的呼吸感应体积描记（respiratory inductive plethysmography,RIP）技术是一种新颖的呼吸监测技术,通过监测人体胸腹部随呼吸的运动来测量人体呼吸参数。该技术不直接经过口鼻测量,检测过程中不需要佩戴口鼻面罩,具有无创性,不影响呼吸模式,便携且可实现定量检测,成为近年来生物医学工程领域的研究热点之一。

RIP 技术的基本原理是在体外通过测量肺部和腹部横断面积的变化来实现肺通量的连续测量。它采用二导联,如图 11-7 所示,其中一导记录胸部运动,另一导记录腹部运动。将弯曲成正弦状的两条绝缘线圈通过弹性缚带分别缠绕在被测者的胸部（乳头水平）和腹部（肚脐水平）,见图 11-8,形成电感线圈。金属导线通过高频低幅交流电,变化的电流产生磁场,磁场变化产生感应电动势（电压）,感应电动势（电压）和自感系数（电感）成正比,通过计算可以得到电感值。呼吸运动带动弹性缚带伸缩,从而导致线圈围绕截面积发生改变,电感的大小也随之变化,电感大小和直径的大小成正比关系,能够很好地反映胸腹部的运动。通过直径的变化可以推算出胸腹部体积的变化,经过适当的标定可以精确地反映潮气量的大小。

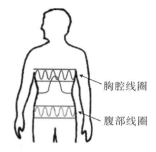

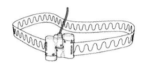

图 11-7 呼吸感应体积描记法　　**图 11-8 电感式传感器示意**

Konno 和 Mead 定理可用下式表示:

$$\Delta V = \Delta V_{RC} + \Delta V_{AB} \tag{11-2}$$

式中:ΔV 表示经口鼻呼吸气体容积的变化,ΔV_{RC} 和 ΔV_{AB} 分别表示胸腔和腹腔呼吸容积的变化。若通过 RIP 技术测定胸部、腹部线圈的电感值 ΔL_{RC} 和 ΔL_{AB},则式(12-2)可改写为:

$$\Delta V = K_1 \Delta L_{RC} + K_2 \Delta L_{AB} \tag{11-3}$$

式中:ΔL_{RC} 为胸部线圈电感输出变化,ΔL_{AB} 为腹部线圈电感输出变化,K_1 和 K_2 分别为体积系数。

RIP 技术测量的是电感体的磁场变化,不会受到外界的干扰,因此结果相当可靠,适宜动态监测,并具有无创、非侵入性的优点。除了记录胸腹部运动外,还有其他一些优势,如:测量潮气量、精确显示呼吸频率、显示呼吸实际波形、评估胸腹部呼吸运动的协调性、监测睡眠呼吸障碍等。由于具有这些优势,RIP 技术已越来越多地运用在多导睡眠分析系统(或睡眠呼吸监护仪)中以记录胸腹部呼吸运动,这对于辅助诊断睡眠呼吸暂停综合征具有尤其重要的意义。

此外,近年来国内外研究学者开发了新型 RIP 技术,将其与可穿戴技术结合,设计出可穿戴式 RIP 系统(背心式 RIP 系统),如图 11-9。这种系统测得的呼吸信号稳定,信噪比高,而且低生理、心理负荷,被检查人员可以在日常生活和自然睡眠过程中实现睡眠呼吸紊乱性疾病的诊断,因而具有重要意义。

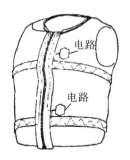

图 11-9 可穿戴式 RIP 系统

11.3 电容式传感器的应用

电容式传感器可用来测量直线位移、角位移、振动振幅,尤其适合测量高频振动振幅、加速度等机械量,在医学中也有非常重要的应用。如下面介绍的微音器、心输出量计和助听器等。

11.3.1 电容式微音器

电容式微音器的结构原理如图 11-10 所示。它是一种变极距型电容传感器,具有响应速度快、灵敏度高、可进行非接触测量等优点,因此在生物医学测量中常用于记录心音、心尖搏动、胸壁运动以及动脉和桡动脉的脉动等。它利用声压使薄膜与固定极板之间的距离发生变化,从而使电容量发生变化以测量心音。这种传感器常与图 11-11 所示的直流极化电路结合使用。当电容传感器的电容量发生变化时,R 两端的电压 v_0 也随之改变(当然它只能有动态响应),当 $\Delta x = x_0 \sin\omega t$ 时,可求得

$$v_0 = \frac{V_1 C_0 R}{d} \left| \frac{\mathrm{j}\omega}{1 + \mathrm{j}\omega C_0 R} \right| X_0 \sin(\omega t + \varphi) \tag{11-4}$$

式中:C_0——电容传感器的初始电容值,$C_0 = \dfrac{\varepsilon S}{d}$;

V_1——直流极化电压。

当满足 $\omega C_0 R \gg 1$,且不考虑初始相位时,

$$v_0 \approx \frac{V_1 x_0 \sin\omega t}{d} \tag{11-5}$$

若放大器的增益为 A_0,则

$$v_0' = A_0 v_0 = A_0 \frac{V_1 x_0 \sin\omega t}{d} \tag{11-6}$$

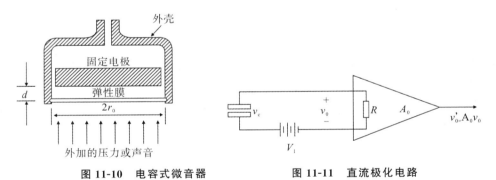

图 11-10　电容式微音器　　　　　　图 11-11　直流极化电路

11.3.2 电容式心输出量计

图 11-12(a)所示是在体外循环血泵中,根据电容量变换原理测定心输出量的装置。血泵中间有一层薄膜,右侧为气室,气室的右表面为一层金属箔,作为电容式传感器的一个极片;膜的另一侧为血液,作为电容式传感器的另一极片。右侧的气室接到空气压缩机上,周期性地给予气室一定的正负压,模仿心脏的收缩和舒张,推动血液流动。电容器的介质为空气及该层薄膜。实验表明,当心输出量相当于 50 mL 时,电容量的变化约为 1 pF,将该电容作为振荡回路中的一个电容,可引起 3～700 kHz 的振荡频率的变化,且频率的变化量与心输出量呈线性关系。如图 11-12(b)所示,用金属把血泵的圆锥形塑料外罩包起来,成为电容器的一个极片。而气室内表面的金属箔构成另一极片,在这种情况下血泵内的血液成为电

容器介质的一部分。这种方法的优点在于:血液不需要与电流直接接触。图 11-12(c)所示为另一种结构,血泵呈囊状,在其圆锥形塑料外罩上安放两个片状电极,空气与囊中的血液构成介质。这两种方法也可采用同样的频率调制系统,得到与心输出量有关的调频信号。

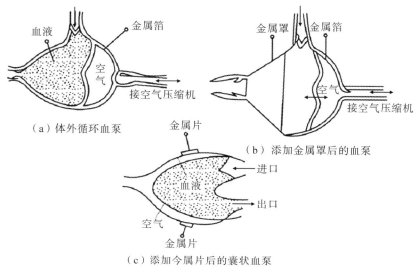

（a）体外循环血泵

（b）添加金属罩后的血泵

（c）添加今属片后的囊状血泵

图 11-12　电容式心输出量计

11.3.3　助听器

　　助听器的传感器元件是特殊设计的小型化驻极体电容传声器,其作用是把声音信号转化成电信号,原理见图 11-13。驻极体是在强外电场等因素作用下,极化并能"永久"保持极化状态的电解质。当声音进入麦克风,声波的疏密变化引起带负电的薄金属膜片(即振膜)振动,随即将声能转变为机械能,膜片振动在驻极体上产生压力,传递至驻极体背极。驻极体背极和膜片底部都与场效应晶体管前置放大器相连并有一终端通向外部。当膜片振动时,膜片和驻极体后板间的距离和空间发生改变,产生电压,通过固定在麦克风上的场效应晶体管,将机械能转变为电能,再通过终端传到放大器。

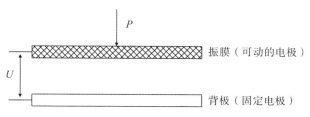

图 11-13　驻极体电容式传感器原理图

　　图 11-14 是耳背式助听器宝尔通 F-138T 的结构图和实物图,该助听器是由麦克风(内置传感器),放大器,受话器(即耳机),电池,各种音量、音调控制旋钮等电声学器件组成。其工作原理是传感器把接收到的声信号转变成电信号送入放大器,放大器将此电信号进行放大,再输送至耳机,后者再将电信号转换成声信号。此时的声信号比传感器接收的信号强得多,这样就可以在不同程度上弥补听觉障碍者的听力损失。

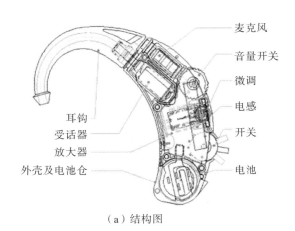

麦克风
音量开关
微调
电感
开关

耳钩
受话器
放大器
外壳及电池仓

电池

（a）结构图

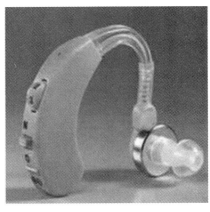

（b）实物图

图 11-14　耳背式助听器

11.4　压电式传感器的医学应用

压电式传感器具有结构简单、体积小、质量轻、测量的频率范围宽、动态范围大、性能稳定、输出线性好等优点。因此，它已广泛应用于生物医学测试的许多方面，例如用于心音测量的微音器，用于震颤测量的压力传感器，用于直流测量的超声流量计，用于眼压测量的压力传感器，超声诊断仪、B 型和 M 型超声心动仪、压电式心脏起搏装置。其中很大一部分应用是在超声诊断方面（利用压电晶体的逆压电效应）。

11.4.1　血压测量传感器

11.1 节中已经提到，血压是评估血管功能最常用的参数。测量血压的方法有很多种，超声多普勒法是常用的自动、无创测量方法之一。它是利用超声波对血流和血管壁运动的多普勒效应来检测收缩压和舒张压的。因为多普勒频移与血压有较为稳定的相关性，因此利用这种方法测量的血压值比较准确。

图 11-15 展示了超声法测血压的工作原理。超声波发生器的核心部件是两个压电晶体。它们处在臂脉带的底部：一个压电晶体接到超声波发生器（8 MHz 振荡器）传输过来的超声信号后，利用晶体的逆压电效应，使晶体产生机械振荡，机械波发射至血管壁造成反射；另一个压电晶体与一个窄带放大器相连，检测反射信号。如果血管壁是动的，则反射信号的频率与超声波发生器的频率存在差值，即产生多普勒效应，频率的偏移量称为多普勒频移。当静止的超声波发生器发出的超声信号被一运动的物体反射时，反射回来的信号频率为：

$$f_D = f_T + \frac{2v}{c} f_T \tag{11-7}$$

其中，f_T 为发射信号的频率，v 为运动物体与发生器之间的相对运动速度，c 为声波在介质中的传播速度，f_D 为反射信号的频率。

显然，多普勒频移量 Δf 的值为：

$$\Delta f = f_D - f_T = \frac{2v}{c} f_T \tag{11-8}$$

可以得出频移量 Δf 与运动物体相对于发生器的运动速度成正比。

在血管被阻断期间，血流静止不动，$\Delta f = 0$，所以无频移产生。当袖带压力增加到超过舒张压而低于收缩压时，动脉内的血压在高于或低于袖带压力之间摆动。这时，当血压低于或高于袖带内压力时，由于血流相对于血管壁运动强度大，所以产生较大的频移信号，因而就能检出声频输出，如图 11-15 所示。在一个心动周期内，随着袖带压力的增加，血管的开放和闭合的时间间隔就随之减小，直到开放和闭合二点重合，该点即为收缩压。相反，当袖带压力降低时，开放和闭合之间的时间间隔增加，直到脉搏闭合信号和下一次脉搏开放信号相重合，这一点可确定为舒张压。

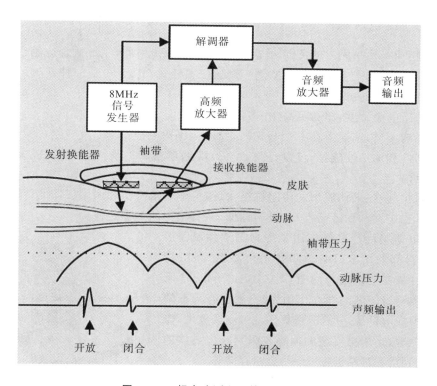

图 11-15　超声法测血压的工作原理

采用超声法测血压适用范围广，既可以适用于成人和婴儿，也可适用于低血压患者，同时可以用于噪声很强的环境中，完整地再现动脉波。其缺点是受试者身体的活动会引起传感器和血管之间超声波途径的变化。

11.4.2　压电式微震颤传感器

这种传感器主要用以测量人体和动物体发生的微震颤或微振动，观测药物疗效。

微震颤传感器是一只压电加速度型传感器，如图 11-16 所示。它用压电元件作为振动接收器，用一块橡皮膏贴到手指上（拇指球部）。当手震颤时，使质量-弹性系统振动，压电片受力产生电荷，从而把手震颤变换成电信号。

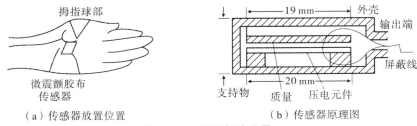

图 11-16 微震颤传感器

11.4.3 压电薄膜

压电薄膜拥有独一无二的特性,作为一种动态应变传感器,非常适合应用于人体皮肤表面或植入人体内部实现生命信号的监测。聚偏二氟乙烯(PVDF)是一种新型的有机高分子敏感材料,具有很强的压电特性和强热释电效应。其主要优点是:

(1)高的压电灵敏度,比石英高 10 多倍;

(2)频率响应宽,室温下在 $10^{-5} \sim 5 \times 10^{8}$ Hz 范围内响应平坦;

(3)柔韧性和加工性能好,可以经受数百万次的弯曲和振动,也容易制成大面积传感元件和阵列元件;

(4)声阻抗与水、人体肌肉的声阻抗很接近,可作为水听器和医用仪器的传感元件;

(5)化学稳定性和耐疲劳性高,吸湿性低,并有很好的热稳定性。

目前压电薄膜已经广泛应用于生物医学领域。很多电子听诊器都采用 PVDF 薄膜作为传感器元件,将PVDF 薄膜封装在传统的金属听诊头中,如图 11-17 所示。当传感器与身体之间存在作用力时,就会有动态的压力信号转换成电信号,并且有选择性地过滤或放大,作为音频信号回放,运用更复杂的运算方法判断出具体的状况,或传输到远程基站进行进一步分析存储等。

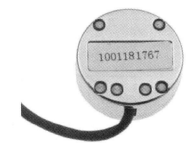

图 11-17 PVDF 薄膜电子听诊器

图 11-18 显示了一种基于 PVDF 压电效应的高压聚合体手指脉冲和呼吸波动传感器的结构。结构形状为 U 形,可以方便、舒适地固定在手指的正确位置。这种传感器可以同时获得脉冲波和呼吸波。PVDF 膜与手指直接接触,其表面两侧都有金属膜进行屏蔽,同时用高绝缘的硅树脂橡胶密封高聚物膜来防止汗液的腐蚀和对电极表面的磨损。脉搏和呼吸波的分离分别通过低通和高通滤波器来实现。

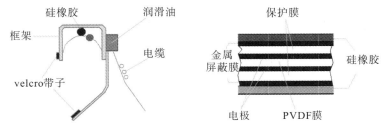

图 11-18 高压聚合体手指脉冲和呼吸波动传感器

　　利用 PVDF 薄膜制成的医用超声波传感器结构简单,灵敏度高,与人体表面机械阻抗匹配很好,可以用作脉搏计、血压计、起搏计、心率计、胎儿心音探测器等传感元件。荷兰、德国、美国有多家公司都在生产基于压电薄膜的婴儿呼吸监控仪。这种监控仪是将一装有 PVDF 压电薄膜的垫子放于婴儿身子底下,对由呼吸、心跳引起的轻微振动进行连续的监控(特别是在晚上),当呼吸或心跳的时间间隔超过预先设置的时间间隔时,比如说 20 s,它便会触发警报器,这样就能够及时而有效地防止婴儿的窒息死亡。

　　此外,压电薄膜柔软,灵敏度高,所以适用于大面积的传感阵列器件。近年来随着智能机器人的发展,一种模拟人手感觉工作的 PVDF 触觉传感器,即仿生皮肤,成为研究热点。图 11-19 为其结构示意图。当 PVDF 膜受力后产生电荷,按电荷量的大小和分布判别物体的形状。此外,还可以用于足底压力检测系统,通过测量分析足底的压力可知足底压力分布特征和模式,对临床医学诊断、疾患程度测定、术后疗效评价、体育训练等有着重要的意义。

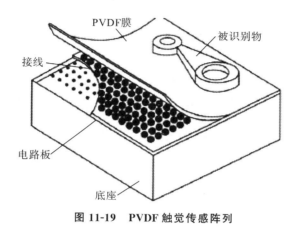

图 11-19　PVDF 触觉传感阵列

11.5　磁电式传感器的应用

11.5.1　电磁血液流量计

　　7.1.5 节中提到,电磁流量计可以用来测量导电液体的流量。血液也是一种导电液体,血流量的测定与血压测量一样重要。目前,电磁流量计已作为完整血管内动脉血流量测量的标准方法。当血液在血管中以均匀速度 v 流动时,其流动方向与磁场方向垂直,如图 11-20 所示。根据电磁感应定律,电磁血流量传感器产生的感应电动势满足:

$$E = \frac{4QB}{\pi D} \tag{11-9}$$

式中:B 为磁感应强度(T),Q 为血液的体积流动速率(m^3/s),D 为血管直径(m),E 为感应电动势(V)。

　　(11-19)式表明感应电动势与血流分布无关。对于一定的血管直径和磁感应强度,电动势仅取决于瞬时体积流动速率。

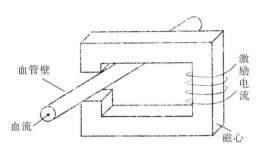

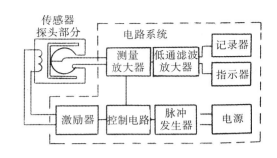

图 11-20　电磁血流量传感器的工作原理图　　图 11-21　电磁血流量计原理框图

通常,电磁血流量计由流量传感器和电路系统组成,其中流量传感器又称作电磁探头,其作用是将血流量转换成相应的电压信号。整个流量计的原理框图如图 11-21 所示。在电路系统中,脉冲发生器、控制器和激励器产生激磁电流并送到电磁探头的励磁绕组中。由流量探头输出的电压信号经测量放大器放大后再经低通滤波器就得到了血流信号,最后由记录器和指示器将血流量值记录和显示出来。

这种方法测量血流量的血管大小范围较宽,可从人体最粗的血管至 1 mm 直径的血管,并且相应时间短,测量精度高,最佳状态的误差在 3% ～5% 之间,在医学实验中较为多用。但是由于这种方法的有限性,即需要把血管剥离出来才能测量,故其应用范围受到限制。

11.6　光电式传感器的应用

11.6.1　光电式脉搏检测

人体表可触摸到的动脉搏动称为脉搏。它是作为人体状态的一个重要信息窗口。测量脉搏对病人来讲是一个不可缺少的检查项目。中医更将切脉作为诊治疾病的主要方法。但这种方法受到感觉、经验和表述的限制,同时感知的脉象无法记录和保存。生物医学传感器是获取生物信息并将其转换成易于测量和处理信号的一个关键器件。光电式脉搏传感器是根据光电容积法制成的脉搏传感器,通过对手指末端透光度的监测,间接检测出脉搏信号。

图 11-22 是光电式脉搏传感器结构示意,它由红外发光二极管和红外光敏晶体管构成。发光二极管发出的红外光照射到血管上,部分光经血管反射被光敏晶体管接收并转换成电信号。根据朗伯-比尔(Lambert-Beer)定律,物质在一定波长处的吸光度和它的浓度成正比。当恒定波长的光照射到人体组织上时,通过人体组织吸收、反射衰减后测量到的光强将在一定程度上反映被照射部位组织的结构特征,即可测得血管内容积变化。脉搏主要由人体动脉舒张和收缩产生,在人体指尖,组织中的动脉成分含量高,而且指尖厚度相对其他人体组织而言比较薄,透过手指后检测到的光强相对较大,因此光电式脉搏传感器的测量部位通常在人体指尖。

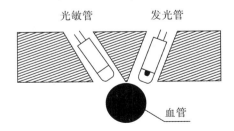

图 11-22　光电式脉搏传感器的结构示意

对透射式而言,由于经光电传感器输出的是一个大的透射量,它受到血液动脉引起的微小变化的调制,故应通过接口电路消除大的基本透射量。当光源、光电传感器相对位置移动时,会引起较大的透射量改变,产生假象,并可能使后级电路饱和。这种方法可较好地指示心率的时间关系,并可用于脉搏测量,但不善于精确度量容积。

利用光电式脉搏传感器采集脉搏信号,将微弱的信号经过滤波、放大处理,并将其送入微处理器进行分析,即可得到准确、丰富的脉象信息,有很高的临床价值。

11.6.2　光电法测血氧饱和度

人体血液中氧合血红蛋白占全血的百分比称为血氧饱和度。它是医学中不可缺少的主要参数。在临床上,测量血氧饱和度有多种方法。最常采用的是动脉血采样,在几分钟内测量动脉氧分压,并计算动脉血氧饱和度。但这种方法需要动脉穿刺或插管,给病人带来痛苦,并且不能连续监测和实时抢救。临床上希望能简便、非侵入、连续地监测血氧饱和度。应用光电技术可以无创伤、长时间、连续地监测血氧饱和度,为临床提供了快速、简便、安全、可靠的测定方法。

光电法测量血氧饱和度的原理是:氧合血红蛋白(HbO_2)与还原血红蛋白(Hb)对红光与近红外光的吸收率不同,如图 11-23 所示。根据朗伯-比尔吸光定律,当入射光射入厚度为 D 的均质组织时,入射光 I_0 与透射光 I 之间的关系为

$$\frac{I}{I_0} = e^{-\varepsilon c D} \tag{11-10}$$

式中:c——吸光物质的浓度(如血液中的血红蛋白);

ε——吸光物质的吸光系数。

定义物质的吸光度 A 为

$$A = \ln\left(\frac{I_0}{I}\right) = \varepsilon c D \tag{11-11}$$

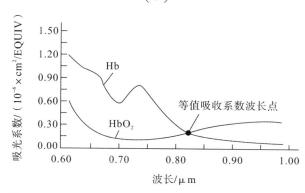

图 11-23　HbO_2 与 Hb 对红光与近红外光的吸收系数曲线

脉搏血氧测定时,一般是将传感器直接置于体表动脉处(手指、耳垂、脚趾等),用光电器件获取两个不同波长的吸光值,如图 11-24 所示。传感器由发光器件和接收器件组成。发光器件是由波长为 660 nm 的红光和波长为 925 nm 的红外光发射光组成。这是因为在红光区(660 nm),Hb 和 HbO_2 的分子吸光系数差别很大,主要反映 Hb 的吸收;而在红外光区(925 nm),Hb 和 HbO_2 的分子吸光系数差别很小。光敏接收器件大都采用 PIN 型光敏二

极管,由它将接收到的入射光信号转换成电信号,由此就可以实时测量血氧含量。

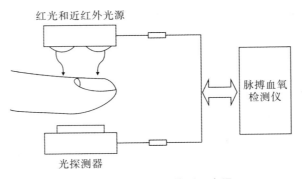

图 11-24 血氧含量检测示意图

第 12 章　传感器实验

12.1　CSY998 型传感器与检测技术实验台简介

12.1.1　CSY 传感器实验仪简介

CSY 实验箱是与浙江求是科技有限公司合作的,用于学生的实践教学。

实验仪主要由四部分组成:传感器安装台、显示与激励源、传感器符号及引线单元、处理电路单元。

传感器安装台:装有双平行振动梁(应变片、热电偶、PN 结、热敏电阻、加热器、压电传感器、梁自由端的磁钢)、激振线圈、双平行梁测微头、光纤传感器的光电变换座、光纤及探头小机电、电涡流传感器及支座、电涡流传感器引线 $\Phi3.5$ 插孔、霍尔传感器的两个半圆磁钢、振动平台(圆盘)测微头及支架、振动圆盘(圆盘磁钢、激振线圈、霍尔片、电涡流检测片、差动变压器的可动芯子、电容传感器的动片组、磁电传感器的可动芯子)、扩散硅压阻式传感器、气敏传感器及湿敏元件安装盒。

备注:CSY 系列传感器实验仪的传感器具体配置根据需方的合同安装。

显示及激励源:电机控制单元、主电源、直流稳压电源($\pm2\sim\pm10$ V 挡位调节)、F/V 数字显示表(可作为电压表和频率表)、动圈毫伏表(5~500 mV)及调零、音频振荡器、低频振荡器、±15 V 不可调稳压电源。

实验主面板上传感器符号单元:所有传感器(包括激振线圈)的引线都从内部引到这个单元上的相应符号中,实验时传感器的输出信号(包括激励线圈引入低频激振器信号)按符号从这个单元插孔引线。

处理电路单元:电桥单元、差动放大器、电容放大器、电压放大器、移相器、相敏检波器、电荷放大器、低通滤波器、涡流变换器等。

CSY 实验仪配上一台双线(双踪)通用示波器,可做几十种实验。教师也可以利用传感器及处理电路开发实验项目。

12.1.2　主要技术参数、性能及说明

1. 传感器安装台部分

双平行振动梁的自由端及振动圆盘下面各装有磁钢,通过各自测微头或激振线圈接入低频激振器 VO,可做静态或动态测量。

应变梁:应变梁采用不锈钢片,双梁结构端部有较好的线性位移。

传感器:

(1)差动变压器。

量程:≥5 mm。直流电阻:5～10 Ω,由一个初级、两个次级线圈绕制而成的透明空心线圈,铁心为软磁铁氧体。

(2)电涡流位移传感器。

量程:≥1 mm。

直流电阻:由 1～2 Ω 多股漆包线绕制的扁平线圈与金属涡流片组成。

(3)霍尔式传感器。

量程:±≥2 mm。

直流电阻:激励源端口 800 Ω～1.5 kΩ,输出端口 300～500 Ω,日本 VC 公司生产的线性半导体霍尔片,它置于环形磁钢构成的梯度磁场中。

(4)热电偶。

直流电阻:10 Ω 左右,由两个铜-康铜热电偶串接而成,分度号为 T,冷端温度为环境温度。

(5)电容式传感器。

量程:±≥2 mm

由两组定片和一组动片组成的差动变面积式电容。

(6)热敏电阻。

半导体热敏电阻 NTC,温度系数为负,25 ℃时为 10 kΩ。

(7)光纤传感器。

由多模光纤,发射、接收电路组成的导光型传感器,线性范围≥2 mm。红外线发射、接收,直流电阻 500 Ω～1.5 kΩ,股丫形、半圆分布。

(8)压阻式压力传感器。

量程:10 kPa(差压);供电:≤6 V;直流电阻:350～450 Ω,3 KΩ～3.5 KΩ。美国摩托罗拉公司生产的 MPX 型压阻式差压传感器,具有温度自补偿功能,先进的 X 型工作片(带温补)。

(9)压电加速度计。

PZT-5 双压电晶片和铜质量块构成。谐振频率:≥10 kHz,电荷灵敏度:q≥20 pC/g。

(10)应变式传感器。

箔式应变片阻值:350 Ω;应变系数:2。

(11)PN 结温度传感器。

利用半导体 PN 结良好的线性温度电压特性制成的测温传感器,能直接显示被测温度。灵敏度:−2.1 mV/℃。

(12)磁电式传感器。

直流电阻:30～40 Ω 由线圈和动铁(永久磁钢)组成,灵敏度:0.5 v/m/s。

(13)气敏传感器。

MQ3:酒精测量范围为 50～2000 ppm。

(14)湿敏电阻

RH 型响应时间:吸湿、脱湿小于 10 s。湿度系数:0.5 RH%/℃,测量范围:10%～95%,工作温度:0～50 ℃。

2. 信号及变换

(1)电桥:用于组成应变电桥,提供组桥插座,标准电阻和交、直流调平衡网络。

（2）差动放大器：通频带 0～10 kHz。可接成同相、反相、差动结构,增益为 1～100 倍的直流放大器。

（3）电容变换器：由高频振荡、放大和双 T 电桥组成的处理电路。

（4）电压放大器：增益约为 5 倍,同相输入,通频带 0～10 kHz。

（5）移相器：允许最大输入电压 10 V_{p-p},移相范围≥±20°（5 kHz 时）。

（6）相敏检波器：可检测电压频率 0～10 kHz,允许最大输入电压 10 V_{p-p},极性反转整形电路与电子开关构成的检波器。

（7）电荷放大器：电容反馈型放大器,用于放大压电传感器的输出信号。

（8）低通滤波器：由 50 Hz 陷波器和 RC 滤波器组成,转折频率约为 35 Hz。

（9）涡流变换器：输出电压≥8 V,探头离开被测物,变频式调幅转换电路,传感器线圈是振荡电路中的电感元件。

（10）光电变换座：由红外发射、接收组成。

3. 两套显示仪表

（1）数字式电压/频率表：3 位半显示,电压范围 0～2 V、0～20 V,频率范围 3 Hz～2 kHz、10 Hz～20 kHz,灵敏度≥50 mV。

（2）指针式毫伏表：85c1 表,分 500 mV、50 mV、5 mV 三挡,精度 2.5%。

4. 两种振荡器

（1）音频振荡器：0.4 kHz～10 kHz 输出连续可调,V_{pp} 值 20 V,180°、0°反相输出,L_V 端最大功输出电流 0.5 A。

（2）低频振荡器：1～30 Hz 输出连续可调,V_{pp} 值 20 V,最大输出电流 0.5 A,V_i 端可用作电流放大器。

5. 两套悬臂梁、测微头

双平行式悬臂梁两副（其中一副为应变梁,另一副装在内部与振动圆盘相连）,梁端装有永久磁钢、激振线圈和可拆卸式螺旋测微头,可进行压力位移与振动实验。

6. 两组电加热器

电热丝组成,加热时可获得高于环境温度 30 ℃左右的升温。

7. 一组测速电机

由可调的低噪声高速轴流风扇组成,与光电、光纤、涡流传感器配合进行测速实验。

8. 两组稳压电源

直流±15 V,主要提供温度实验时的加热电源,最大激励 1.5 A。−2 V～10 V 分五挡输出,最大输出电流 1.5 A。提供直流激励源。

图 12-1　CSY-998 型传感器实验仪

12.1.3 注意事项

（1）应在确保接线无误后才能开启电源。

（2）选插式插头应避免拉扯，以防插头折断。

（3）对从电源、振荡器引出的线要特别注意，不要接触机壳以造成断路，也不能将这些引线到处乱插，否则很可能损坏仪器。

（4）用激振器时不要将低频振荡器的激励信号开得太大，以免梁因振幅过大而损坏。

（5）音频振荡器接低阻负载（小于 100 Ω）时，应从 L_v 口输出，不能从另两个电压输出插口输出。

12.2 传感器实验内容

12.2.1 金属箔式应变片性能——单臂电桥

【实验目的】

了解金属箔式应变片、单臂单桥的工作原理和工作情况。

【实验原理】

本实验说明箔式应变片及单臂直流电桥的电源的原理和工作情况。

应变片是最常用的测力传感元件。当用应变片测试时，应变片要牢固地粘贴在测试体表面。当测件受力发生形变，应变片的敏感栅随同变形，其电阻也随之发生相应的变化，通过测量电路转换成电信号输出显示。

电桥电路是最常用的非电量电测电路中的一种。当电桥平衡时，桥路对臂电阻乘积相等，电桥输出为零，在桥臂四个电阻 R_1、R_2、R_3、R_4 中，电阻的相对变化率分别为 $\Delta R_1/R_1$、$\Delta R_2/R_2$、$\Delta R_3/R_3$、$\Delta R_4/R_4$，当使用一个应变片时，$\Sigma R = \Delta R/R$；当两个应变片组成差动状态工作时，则有 $\Sigma R = 2\Delta R/R$；当四个应变片组成两个差对工作，且 $R_1 = R_2 = R_3 = R_4$ 时，$\Sigma R = 2\Delta R/R$。

由此可知，单臂、半桥、全桥电路的灵敏度依次增大。

【所需单元及部件】

直流稳压电源，电桥，差动放大器，双平行梁，测微头，一片应变片，F/V 表，主、副电源。

【有关旋钮初始位置】

直流稳压电源打到 ±2 V 挡，F/V 表打到 2 V 挡，差动放大增益最大。

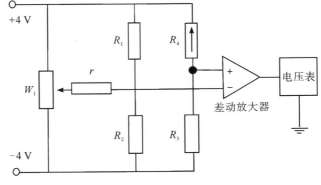

图 12-2 单臂电桥电路图

【实验步骤】

（1）了解所需单元、部件在实验仪上的位置，观察梁上的应变片，应变片为棕色衬底、箔式结构的小方薄片。上、下两片梁的外表面各贴两片受力应变片和一片补偿应变片，测微头在双平行梁前面的支座上，可以上、下、前、后、左、右调节。

（2）将差动放大器调零：用连线将差动放大器的正（＋）、负（－）与地短接。将差动放大器的输出端与 F/V 表的输入插口 V_i 相连；开启主、副电源；调节差动放大器的增益到最大位置，然后调整差动放大器的调零旋钮使 F/V 表显示为零，关闭主、副电源。

（3）根据图接线。R_1、R_2、R_3 为电桥单元的固定电阻；$R_x＝R_4$ 为应变片。将稳压电源的切换开关置±4 V 挡，F/V 表置 20 V 挡。调节测微头脱离双平行梁，开启主、副电源，调节电桥平衡网络中的 W_1，使 F/V 表显示为零，然后将 F/V 表置 2 V 挡，再调电桥 W_1（慢慢地调），使 F/V 表显示为零。

（4）安装到双平行梁的自由端（与自由端磁钢吸合），调节测微头支柱的高度（梁的自由端跟随变化）使 F/V 表显示最小，再旋动测微头，使 F/V 表显示为零（细调零），这时的测微头刻度为零位的相应刻度。

（5）上下旋动测微头，使梁的自由端产生位移，记下 F/V 表显示的值，每移动 1 mm（两圈）读取一个数值。相应数值填入表 12-1。

表 12-1　实验数据

位移/mm									
电压/mV									

（6）据所得结果计算灵敏度 $s＝\Delta V/\Delta X$（式中 ΔX 为梁的自由端位移变化，ΔV 为相应 F/V 表显示的电压相应变化）。

（7）实验完毕，关闭主、副电源，所有旋钮转到初始位置。

【注意事项】

（1）电桥上端虚线所示的四个电阻实际上并不存在，仅作为一标记，让学生组桥容易。

（2）做此实验时应将低频振荡器的幅度关至最小，以减小其对直流电桥的影响。

（3）W_1、W_2 是电位器。

问题：

（1）本实验电路对直流稳压电源和放大器有何要求？

（2）根据所给的差动放大器电路原理图，分析其工作原理，说明它既能做差动放大器，又可做同相或反相放大器。

12.2.2　金属箔式应变片：单臂、半桥、全桥比较

【实验目的】

验证单臂、半桥、全桥的性能及相互之间关系。

【实验原理】

本实验说明实际使用的应变电桥的性能和原理。

已知单臂、半桥和全桥电路的 ΣR 分别为 $\Delta R/R$、$2\Delta R/R$、$4\Delta R/R$。根据戴维定理可以得出测试电桥的输出电压近似等于 $\Sigma R \cdot E4$，电桥灵敏度 $K_u＝U/\Delta R/R$，于是对应单臂、半桥和全桥的电压灵敏度分别为 $E/4$、$E/2$ 和 E。由此可知，当 E 和电阻相对变化一定时，电

桥及电压灵敏度与各桥臂阻值无关。

【所需单元及部件】

直流稳压电源,差动放大器,电桥,F/V 表,测微头,双平行梁,应变片,主、副电源。

【有关旋钮初始位置】

直流稳压电源打到±2 V 挡,F/V 表打到 2 V 挡,差动放大器增益打到最大。

【实验步骤】

(1)按实验 12.2.1 的方法将差动放大器调零后,关闭主、副电源。

(2)按图 12-1 接线,图中 $R_x=R_4$ 为工作片,r 及 W_1 为电桥平衡网络。

(3)调整测微头使双平行梁处于水平位置(目测),将直流稳压电源打到±4 V 挡。选择适当的放大增益,然后调整电桥平衡电位器 W_1,使表头显示零(需预热几分钟表头才能稳定下来)。

(4)上下旋转测微头,使梁移动,每隔 1 mm 读一个数,将测得数值填入表 12-2 中,然后关闭主、副电源。

表 12-2　实验数据

位移/mm								
电压/mV								

(5)保持放大器增益不变,将 R_3 固定电阻换为与 R_4 工作状态相反的另一应变片,即取两片受力方向不同的应变片,形成半桥,调节测微头使梁到水平位置(目测),调节电桥 W_1 使 F/V 表显示为零,重复步骤(4)将测得读数填入表 12-3 中。

表 12-3　实验数据

位移/mm								
电压/mV								

(6)保持差动放大器增益不变,将 R_1、R_2 两个固定电阻换成另两片受力应变片(即 R_1 换成 ↓ 方向的应变片,R_2 换成 ↑ 方向的应变片)。组桥时,只要掌握对臂应变片的受力方向相同、邻臂应变片的受力方向相反即可,否则相互抵消没有输出。接成一个直流全桥,调节测微头使梁到水平位置,调节电桥 W_1,同样使 F/V 表显示零。重复步骤(4)将读出数据填入表 12-4 中。

表 12-4 实验数据

位移/mm								
电压/mV								

(7)在同一坐标轴上描出 x-V 曲线,比较三种接法的灵敏度。

【注意事项】

(1)在更换应变片时应将电源关闭。

(2)在实验过程中如有发现电压表发生过载,应将电压量程扩大。

(3)在本实验中只能将放大器接成差动形式,否则系统不能正常工作。

（4）直流稳压电源±4 V 不能打得过大，以免损坏应变片或造成严重自热效应。

（5）接全桥时请注意区别各片的工作状态方向。

12.2.3　差动变压器性能

【实验目的】

了解差动变压器式电感传感器的原理和工作情况。

【实验原理】

差动变压器的基本元件有衔铁、初级线圈、次级线圈和线圈骨架等。初级线圈作为差动变压器激励部分，相当于变压器的原边。而次级线圈由两个结构尺寸和参数相同的两个线圈反相串接而成，形成变压器的副边。根据内、外层排列不同，差动变压器有二段式和三段式。本实验采用三段式结构。

传感器随着被测物体移动时，由于初级线圈和次级线圈之间的互感发生变化，促使次级线圈感应电势产生变化，一个次级感应电势增加，另一个感应电势则减小。将两个次级反相串接，就为其差动输出，该输出电势反映被测物体的移动量。

【所需单元及部件】

差动变压器式电感传感器、音频振荡器、测微器、V/F 表、双线示波器。

【有关旋钮初始位置】

音频振荡器 4～8 kHz，双线示波器第一通道灵敏度 500 mV/div，第二通道灵敏度 10 mV/div，触发选择打到第一通道，主、副电源关闭。

【实验步骤】

（1）根据图接线，将差动变压器、音频振荡器（必须 L_V 输出）、双线示波器连接起来，组成一个测量线路。开启主、副电源，将示波器探头分别接至差动变压器的输入和输出端，调节差动变压器源边线圈音频振荡器激励信号峰峰值为 2 V。

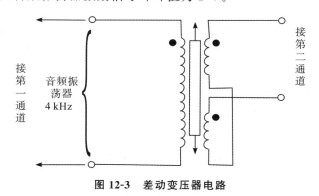

图 12-3　差动变压器电路

（2）用手提压变压器磁心，观察示波器第二通道波形是否能过零翻转，如不能则改变两个次级线圈的串接端。

（3）转动测微头使测微头与振动平台吸合，再向上转动测微头 5 mm，使振动平台往上位移。

（4）向下旋钮测微头，使振动平台产生位移。每位移 0.2 mm，用示波器读出差动变压器输出端的峰峰值并填入表 12-5 中，根据所得数据计算灵敏度 $S = \Delta V / \Delta x$（式中 ΔV 为电压变化,Δx 为相应振动平台的位移变化),作 $V\text{-}x$ 关系曲线。读数过程中应注意初、次级波形的相应关系。

表 12-5　实验数据

位移/mm									
电压/mV									

【注意事项】

(1)差动变压器的激励源必须从音频振荡器的电流输出口(L_v插口)输出。

(2)差动变压器的两个次级线圈必须接成差动形式(即同名端相连。这可通过信号相位有无变化判别)。

(3)差动变压器与示波器的连线应尽量短,以避免引入干扰。

思考:

(1)根据实验结果,指出线性范围。

(2)当差动变压器中磁棒的位置由上到下变化时,双线示波器观察到的波形相位会发生怎样的变化?

(3)用测微头调节振动平台位置,使示波器上观察到的差动变压器的输出阻抗端信号为最小,这个最小电压是什么? 是什么原因造成的?

(注意:示波器第二通道为悬浮工作状态。)

12.2.4　电涡流式传感器性能

【实验目的】

了解电涡流式传感器的结构、原理和工作特性。

【实验原理】

电涡流式传感器由平面线圈和金属涡流片组成。当线圈中通以高频交变电流时,与其平行的金属片上感应产生电涡流,电涡流的大小影响线圈的阻抗 Z,而涡流的大小与金属涡流片的电阻率、导磁率、厚度、温度以及与线圈的距离 X 有关。当平面线圈、被测体(涡流片)、激励源已确定,并保持环境温度不变时,阻抗 Z 只与距离 X 有关。将阻抗变化经涡流变换器变换成电压信号输出,则输出电压(V)是距离 X 的单值函数。

【所需部件】

电涡流线圈、金属涡流片、电涡流变换器、测微头、示波器、电压表。

【实验步骤】

(1)安装好电涡流线圈和金属涡流片,注意两者必须保持平行(必要时可稍许调整探头角度)。安装好测微头,将电涡流线圈接入涡流变换器输入端。涡流变换器输出端接电压表 20 V 挡(如图 12-4)。

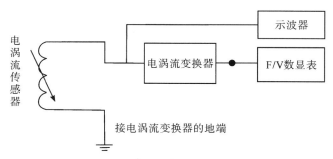

图 12-4　电涡流线圈与电涡流变换器接线示意图

（2）开启仪器电源，测微头位移将电涡流线圈与涡流片分开一定距离，此时输出端有一电压值输出。用示波器接电涡流变换器输入端观察电涡流传感器的高频波形，信号频率约为 1 MHz。

（3）用测微头带动振动平台使平面线圈贴紧金属涡流片，此时涡流变换器输出电压为零。电涡流变换器中的振荡电路停振。

（4）旋动测微头使平面线圈离开金属涡流片，从电压表开始有读数起每位移 0.25 mm 记录一个读数，并用示波器观察变换器的高频振荡波形峰——峰值 V_{p-p}，电压表检测输出电压值 V。将数据填入表 12-6 中，作出 V-X 曲线，指出线性范围，求出灵敏度。

表 12-6　实验数据

X/mm							
V_{p-p}/V							
V/V							

【注意事项】

当电涡流变换器接入电涡流线圈处于工作状态时，接入示波器会影响线圈的阻抗，使变换器的输出电压减小（如果示波器探头阻抗太小，甚至会使变换器电路停振而无输出），或是使传感器在初始状态有一死区。

12.2.5　差动变面积式电容传感器实验

【实验目的】

了解差动变面积式电容传感器的原理及其特性。

【实验原理】

电容式传感器有多种形式，CSY988 型传感器中是差动变面积式。传感器由两组定片和一组动片组成。当安装于振动台上的动片上、下改变位置，与两组静片之间的重叠面积发生变化时，极间电容也相应发生变化，成为差动电容。如将上层定片与动片形成的电容定为 C_{x1}，下层定片与动片形成的电容定为 C_{x2}，当将 C_{x1} 和 C_{x2} 接入桥路作为相邻两臂时，桥路的输出电压与电容量的变化有关，即与振动台的位移有关。

【所需单元及部件】

电容传感器、电压放大器、低通滤波器、F/V 表、激振器。

【有关旋钮初始位置】

差动放大器增益旋钮置于中间，F/V 表置于 2 V 挡。

【实验步骤】

（1）根据图 12-5 接线。

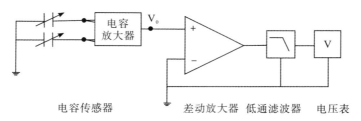

电容传感器　　　　　　差动放大器　低通滤波器　　电压表

图 12-5　差动变面积式电容传感器接线图

（2）将 F/V 表打到 20 V，调节测微头，使输出为零。

（3）转动测微头，每次 0.1 mm，记下此时测微头的读数及电压表的读数，直至电容动片与上（或下）静片覆盖面积最大为止。将数据填入表 12-7 中。

表 12-7　实验数据

X/mm									
V/mV									

（4）退回测微头至初始位置，并开始以相反方向旋动。同上法，记下 X 及 V 的值，并填入表 12-8 中。

表 12-8　实验数据

X/mm									
V/mV									

（5）计算系统灵敏度 $S = \Delta V / \Delta X$，并作出 V-X 曲线。

12.2.6　霍尔式传感器的特性——直流激励

【实验目的】

了解霍尔式传感器的原理与特性。

【实验原理】

霍尔式传感器由两个环形磁钢（组成梯度磁场）和位于梯度磁场中的霍尔元件组成。当霍尔元件通过恒定电流时，霍尔元件在梯度磁场中上、下移动时，输出的霍尔电势 V 取决于其在磁场中的位移量 X，所以测得霍尔电势的大小便可获知霍尔元件的静位移。

【所需单元及部件】

霍尔片，磁路系统，电桥，差动放大器，F/V 表，直流稳压电源，测微头，振动平台，主、副电源。

【有关旋钮初始位置】

差动放大器增益旋钮打到最小，电压表置 20 V 挡，直流稳压电源置 2 V 挡，主、副电源关闭。

【实验步骤】

（1）了解霍尔式传感器的结构及实验仪上的安装位置,熟悉实验面板上霍尔片的符号。霍尔片安装在实验仪的振动圆盘上,两个半圆永久磁钢固定在实验仪的顶板上,二者组合成霍尔式传感器。

（2）开启主、副电源,将差动放大器调零后,增益最小,关闭主电源,根据图 12-6 接线,W_1、r 为电桥单元的直流电桥平衡网络。

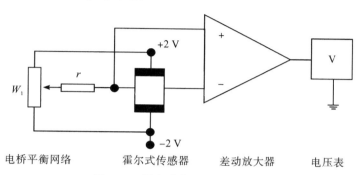

电桥平衡网络　　　　霍尔式传感器　　差动放大器　　电压表

图 12-6　霍尔式传感器直流电桥

（3）装好测微头,调节测微头与振动台吸合并使霍尔片置于半圆磁钢上下正中位置。

（4）开启主、副电源,调整 W_1 使电压表指示为零。

（5）上下旋动测微头,记下电压表的读数,建议每 0.5 mm 读一个数,将读数填入表 12-9 中。

表 12-9　实验数据

X/mm									
V/V									
X/mm									
V/V									

（6）作出 V-X 曲线,指出线性范围,求出灵敏度。

可见,本实验测出的实际上是磁场情况,磁场分布为梯度磁场,与磁场分布有很大差异,测量位移的线性度、灵敏度与磁场分布有很大关系。

【注意事项】

（1）一旦调整好,测量过程中不能移动磁路系统。

（2）激励电压不能超过 2 V,以免损坏霍尔片（±4 V 就有可能损坏霍尔片）。

12.2.7　光纤位移传感器的特性及应用

【实验目的】

（1）了解光纤位移传感器的原理、结构及性能。

（2）了解光纤位移传感器的测速应用。

【所需单元及部件】

差动放大器、电压表、光纤传感器、电阻、F/V 表、直流稳压电流。

【实验步骤】

1. 光纤位移传感器的特性

(1)观察光纤位移传感器的结构。它由两束光纤混合后,组成 Y 形光纤,探头截面为半圆分布。

(2)调整振动台面上反射片与光纤探头间的相对位置,电压表置 2 V 挡。

(3)如图 12-7 所示接线。光电转换器内部已接好,可将电信号直接经差动放大器放大。

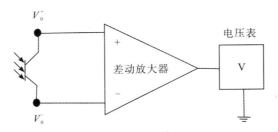

图 12-7　光纤位移传感器接线图

(4)旋转千分卡,使光纤探头与振动台面接触,将差动放大器增益置中,调节差动放大器调零旋钮使电压表计数为零。

(5)旋转千分卡,或用手轻压振动台使台面脱离探头,观察电压读数小—大—小的变化。将千分卡调节到电压输出最大的位置,调节差动放大器增益,将最大值控制在 1 V 左右,必要时反复调整零位。

(6)旋转千分卡,每隔 0.1 mm 读出电压表的读数,并将其填入表 12-10 中。

表 12-10　实验数据

X/mm	0.1	0.2	0.3	0.4	0.5	0.6	0.7	0.8	0.9	1.0
V/V										
X/mm	1.1	1.2	1.3	1.4	1.5	1.6	1.7	1.8	…	10.0
V/V										

(7)画出 V-X 曲线,计算灵敏度及线性范围。

2. 光纤位移传感器的测速应用

(1)利用前述实验电路及其测量结果。

(2)将光纤探头移至电机(风扇)上方并对准电机(风扇)上的反光片,调整好光纤探头与反光片间的距离(约电压表最大输出值处)。

(3)按图 12-8 接线,开启电源。

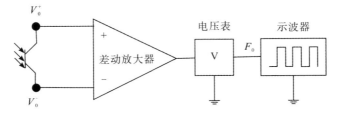

图 12-8　光纤位移传感器测速电路接线图

（4）将直流稳压电源置±10 V 挡,在电机控制单元接入＋10 V 电压,调节转速旋钮使电机转动。

（5）将 F/V 表置 2K 挡,用示波器观察 $F_。$ 输出端的转速脉冲信号(U_{pp}约为 5 V)。

（6）根据脉冲信号的频率及电机上反光片的数目换算出此时的电机转速。

注意:如果示波器上观察不到脉冲波形而特性实验正常,请调整探头与电机间的距离,同时检查示波器的输入衰减开关位置是否合适。

参考文献

[1]胡向东.传感器与检测技术[M].北京:机械工业出版社,2017.

[2]黄国亮.生物医学检测技术概论[M].北京:清华大学出版社,2007.

[3]姜远海.医用传感器[M].北京:科学出版社,1997.

[4]李天钢,马春排.生物医学测量与仪器:原理与设计[M].西安:西安交通大学出版社,2009.

[5]彭承琳,侯文生,杨军.生物医学传感器原理与应用[M].2版.重庆:重庆大学出版社,2011.

[6]唐文彦.传感器技术[M].北京:机械工业出版社.2015.

[7]王保华.生物医学测量与仪器[M].2版.上海:复旦大学出版社,2009.

[8]王平,刘清君,吴春生,等.生物医学传感与检测[M].杭州:浙江大学出版社,2012.

[9]徐科军.传感器与检测技术[M].北京:电子工业出版社.2016.

[10]印纽斯基.生物医学传感技术[M].王平,刘清君,陈星,译.北京:机械工业出版社,2014.

[11]郁有文.传感器原理及工程应用[M].西安:西安电子科技大学出版社,2017.

[12]张宪.传感器与测控电路[M].北京:化学工业出版社.2016.